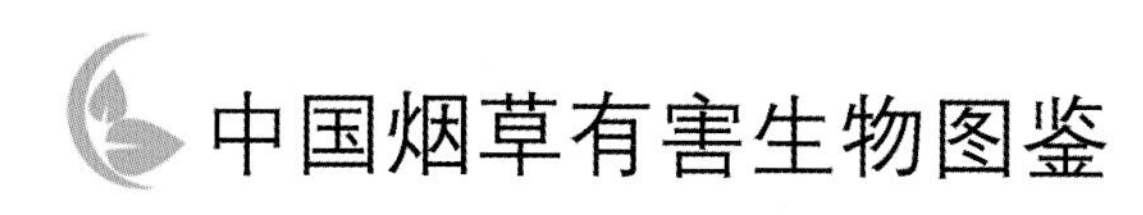

中国烟草病害图鉴

ZHONGGUO YANCAO BINGHAI TUJIAN

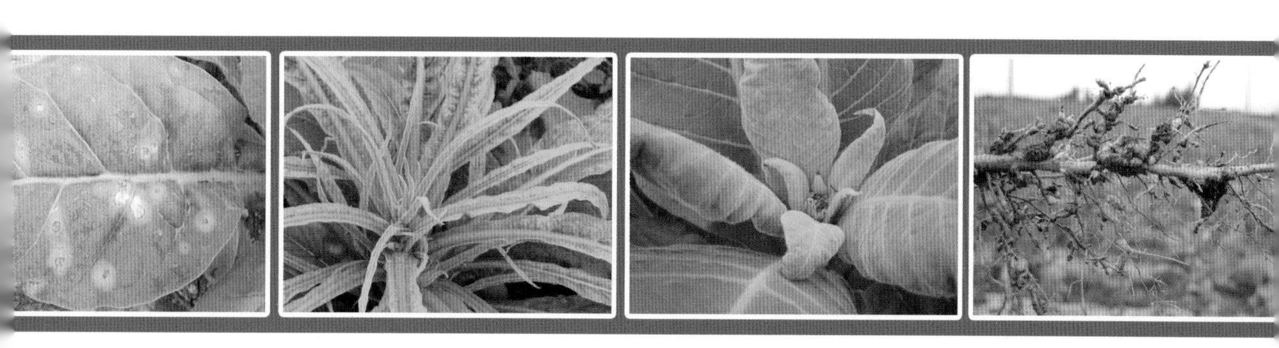

王凤龙　周义和　任广伟　主编

中国农业出版社

北　京

图书在版编目（CIP）数据

中国烟草病害图鉴 / 王凤龙，周义和，任广伟主编．
—北京：中国农业出版社，2019.7（2020.7重印）
ISBN 978-7-109-24962-2

Ⅰ.①中… Ⅱ.①王… ②周 … ③任… Ⅲ. ①烟草－病虫害防治－中国－图集 Ⅳ．①S435.72-64

中国版本图书馆CIP数据核字(2018)第267369号

中国农业出版社出版
（北京市朝阳区麦子店街18号楼）
（邮政编码 100125）
责任编辑 阎莎莎 张洪光

北京中科印刷有限公司印刷 新华书店北京发行所发行
2019年7月第1版 2020年7月北京第2次印刷

开本：787mm×1092mm 1/16 印张：10
字数：300千字
定价：75.00元

编辑委员会

主　　编　王凤龙　周义和　任广伟

副 主 编　孔凡玉　刘相甫　王　静　申莉莉

编写人员　（以姓氏音序排列）

安德荣　蔡宪杰　陈　丹　陈　武　陈德鑫
陈国康　陈海涛　陈荣华　陈泽鹏　成巨龙
崔昌范　邓海滨　丁　铭　窦艳霞　冯　超
高　崇　高玉亮　高正良　顾　钢　黄保宏
蒋士君　靳学慧　孔凡玉　黎妍妍　李　莹
李华平　李淑君　李锡宏　李向东　李义强
梁洪波　梁元存　刘　通　刘元德　卢燕回
吕国忠　马冠华　蒙姣荣　莫笑晗　钱玉梅
秦西云　青　玲　屈建康　任广伟　桑维钧
商胜华　申莉莉　时　焦　孙航军　孙宏伟
孙惠青　孙剑萍　王　杰　王　静　王　颖
王凤龙　王海涛　王文静　王晓强　王新胜
王新伟　王秀芳　王秀国　王玉军　王忠文
吴元华　武　侠　肖崇刚　肖启明　徐光军
徐蓬军　许大凤　许家来　杨金广　余祥文
袁高庆　战徊旭　张　俊　张安盛　张超群
张成省　张继光　张绍升　赵洪海　赵廷昌
赵秀香　郑　晓　周本国

前言

FOREWORD

烟草是我国重要的经济作物，烟草苗期和大田期会发生多种病害，对烟叶产量和质量造成严重影响。在某些特殊年份，病害发生导致部分地块绝收的情况时有发生。烟草病害已成为制约当前烟草产业发展的一个重要因素。

20世纪80年代末至90年代初，我国开展了“全国烟草侵染性病害调查”工作，基本查明了当时危害我国烟草的病害种类及分布，并对重要病害进行了较为深入的研究。近年来，受气候条件、烟草种植区域、农村种植结构及烟草生产本身等因素的综合影响，我国烟草有害生物发生日趋复杂。鉴于此，2010年，中国烟草总公司启动“全国烟草有害生物调查研究”项目，该项目由中国烟叶公司、国家烟草专卖局科技司牵头，中国农业科学院烟草研究所主持，全国35家相关科研院所和高等院校共同参与，联合23个植烟省（自治区、直辖市）开展了大量调查研究工作。历时5年，基本明确了现阶段我国烟草病害种类及分布情况，查明烟草病害85种，并明确了主要病害的发生规律。相关研究成果为烟草主要病害的绿色防控奠定了基础。

为了反映“全国烟草有害生物调查研究”项目成果，并为烟草植物保护科技人员提供一部较为实用的工具书，特编撰、出版《中国烟草病害图鉴》一书。

本书共分为六章，收录了常见的烟草病害，包括病毒病害、真菌病害、细菌病害、线虫病害、寄生性种子植物以及非侵染性病害六部分，其中包括50种侵染性病害和20种非侵染性病害。本书以图文并茂的形式详细介绍了病害的发生与分布、症状、病原、发生规律和防治方法，文字描述通俗易懂，内容全面新颖，在防治方面实用性和可操作性强，可供广大烟叶生产技术人员、植物保护工作者、高等院校师生参考使用。

在本书的编写过程中，中国烟叶公司、国家烟草专卖局科技司、中国农业科学院烟草研究所等相关科研院所和高等院校给予大力支持和帮助，有关专家和生产一线技术人员提供了部分图片，在此一并表示衷心感谢！

由于时间仓促，加之编者水平有限，书中错误或不妥之处在所难免，恳请广大读者批评指正。

编　者

2018年5月

目录
CONTENTS

第一章 CHAPTER1 烟草病毒病害

目前，在中国已报道的烟草病毒病害有25种，约占烟草侵染性病害种类的1/4。病毒病可造成花叶、畸形、坏死、矮化等症状，严重影响烟叶产量和质量。据2011—2015年统计，常见病毒病害如烟草普通花叶病毒病、烟草黄瓜花叶病毒病、烟草马铃薯Y病毒病所造成的烟草经济损失占烟草病虫害所造成总损失的43%左右，超过真菌病害所造成的损失，成为对烟草生产威胁最大的一类病害。病毒的已知传播方式有机械接触传播、介体传播（蚜虫、粉虱、叶蝉、蓟马、线虫等）以及嫁接传播。

近年来，烟草病毒病的发生有如下几个显著特点。

第一，病毒病种类不断增加。20世纪80年代之前，在烟草上报道的主要病毒病为烟草普通花叶病毒病、烟草黄瓜花叶病毒病、烟草马铃薯Y病毒病。至20世纪末，先后又鉴定出十余种病毒，共确认16种烟草病毒病。进入21世纪，又有多种病毒被鉴定，迄今已确认的烟草病毒病有25种。

第二，危害烟草的主要病毒种类发生了显著变化。20世纪60 ～ 80年代，在中国危害最重的病毒病有烟草普通花叶病毒病、烟草黄瓜花叶病毒病，且混合侵染普遍发生。80年代后，不仅烟草普通花叶病毒病、烟草黄瓜花叶病毒病持续发生，且烟草马铃薯Y病毒病和烟草蚀纹病毒病开始蔓延。进入21世纪，由蓟马传播的烟草番茄斑萎病毒（*Tomato spotted wilt virus*，TSWV）在云南、广西、四川和重庆等烟区的危害呈快速上升趋势。由蚜虫传播的烟草紫云英矮缩病毒（*Milk vetch dwarf virus*，MDV）在山东和甘肃首次发现，部分烟田受害较重。

第三，主要病毒的株系日渐复杂。如烟草普通花叶病毒、黄瓜花叶病毒、马铃薯Y病毒等主要病毒均已鉴定出多个株系，且坏死株系的比例呈上升趋势，危害日益严重。

第四，多种病毒在田间复合侵染普遍发生，症状更加复杂，给防治工作带来一定难度。

01 烟草普通花叶病毒病

烟草普通花叶病毒的发现是病毒学研究的开始，该病毒寄主范围广泛，在自然条件下可侵染烟草、番茄、马铃薯、茄子、辣椒、龙葵等茄科植物。烟草普通花叶病毒病在

烟草普通花叶病毒病花叶灼斑症状

世界各烟区都普遍发生，在我国各烟区广泛分布，多数主产烟区受害较重，是我国烟草主要病毒病害之一。此病害田间发病率一般为5%～20%。幼苗期感染或大田初期感染，损失可达30%～50%；现蕾以后感染对产量影响不显著。病叶经调制后颜色不均匀，内在品质下降。

【症状】苗期和成株期均可发病。幼苗感病后，先在新叶上发生“明脉”，以后蔓延至整个叶片，形成黄绿相间的斑驳，几天后就形成“花叶”。病叶边缘有时向背面卷曲，叶基松散。由于病叶只有一部分细胞增多或增大，致使叶片厚薄不均，甚至叶片皱缩扭曲畸形。早期发病烟株节间缩短、植株矮化、生长缓慢。接近成熟的植株感病后，只在顶叶及杈叶上表现花叶，有时有1～3个顶部叶片不表现花叶，但出现坏死大斑块，称为“花叶灼斑”。

烟草普通花叶病毒病全株症状

烟草普通花叶病毒病叶片畸形、叶缘下卷

【病原】病原为烟草普通花叶病毒（*Tobacco mosaic virus*，TMV），是烟草花叶病毒属（*Tobamovirus*）的代表成员。病毒粒体呈直杆状，长约300 nm，最大半径约9 nm；病毒粒体由2 130个相同的蛋白亚单位的外壳蛋白和内部为一个链状RNA的核酸分子组成，它们装配成一个螺旋棒状粒体。烟草普通花叶病毒在自然界存在很多株系，根据在烟草上的症状分为普通株系（TMV-C）、黄化株系（TMV-Y）、环斑株系（TMV-RS）、坏死株系（TMV-N）等。

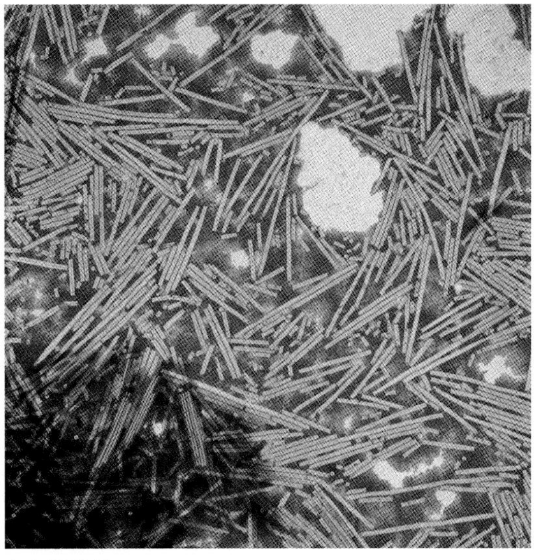

烟草普通花叶病毒粒体

【发生规律】TMV可在土壤中的病株根茎残体上存活2年左右，病株根下105 cm深处的土壤中仍有TMV，可成为大田移栽时土壤传播的初侵染源。田间由TMV引起的花叶病流行，主要是农事操作中人畜和农具的机械接触传染。在通常情况下，刺吸式口器的昆虫（如蚜虫）不传染TMV。构成TMV流行的因素为病田连作、土壤结构差、施用被TMV污染过的粪肥、种植感病品种、烟苗带毒、苗期及大田期管理水平低等。此外，环境条件的变化（如天气干旱、持续阴雨后高温日晒）和烟株的生长状况可影响TMV的侵染性和潜育期。

【防治方法】加强病毒病源头控制，切断TMV的接触传播途径，优先选用高效生物消毒、物理阻隔、精准监控、免疫诱导等综合技术，实行精简化农事操作。(1) 利用抗耐病品种，目前审定应用的抗病品种有中烟203、中烟204、中烟206、云烟97等。(2) 播种前，烟田前茬严禁种植茄科、十字花科、葫芦科等蔬菜作物。育苗盘用2%次氯酸溶液、0.5%硫酸铜水溶液、二氧化氯400倍液或20%辛菌胺水剂1 000倍液浸泡消毒2 h后，再用清水冲洗干净。铲除育苗棚四周杂草，用20%辛菌胺水剂1 000倍液对育苗场地及四周地块进行全面喷雾消毒。(3) 育苗期，严禁吸烟和严格带药操作，剪叶前一天喷施8%宁南霉素水剂1 600倍液、2%嘧肽霉素水剂1 000倍液等抗病毒剂，或使用带药剪叶一体机。(4) 移栽前，按照千分之一的比例取样检测烟苗带毒率，超过0.5%不能移栽到大田，剔除花叶病病株，喷施生物类抗病毒剂1次，实现带药移栽。(5) 大田期，尽量减少操作或带药操作，操作前喷施抗病毒剂，如8%宁南霉素水剂1 600倍液、2%嘧肽霉素水剂1 000倍液、24%混脂·硫酸铜水乳剂900倍液、6%烯·羟·硫酸铜可湿性粉剂400倍液等。移栽后15 d以内，喷施一次免疫诱抗剂，可选用3%超敏蛋白微粒剂3 000 ~ 5 000倍液、6%寡糖·链蛋白1 000倍液、2%氨基寡糖素水剂1 000 ~ 1 200倍液、0.5%香菇多糖水剂300 ~ 500倍液等。此外，还应合理排灌，严禁中午浇水，及时清除病残体并带出烟田外销毁。(6) 采收后，清除烟秆等病残体，烘烤后及时清理烤房附近的烟叶废屑，集中处理。(7) 移栽后，在以上措施仍不能有效控制烟草普通花叶病毒病发生危害的情况下，可选用氨基酸类叶面肥或磷酸二氢钾叶片喷施，以缓解病毒病症状，减少损失。

02 烟草黄瓜花叶病毒病

黄瓜花叶病毒由Doolittle于1916年首次发现，其寄主范围十分广泛，中国已从38科120多种植物上分离到黄瓜花叶病毒，包括葫芦科、茄科、十字花科蔬菜以及泡桐、香蕉、玉米等农林作物。烟草黄瓜花叶病毒病在我国各烟区广泛分布，是我国烟草主要病毒病害之一。该病害一般年份造成的损失率为20% ~ 30%，重病年份达50%以上，甚至绝产。该病害常与其他烟草病毒病混合发生，危害更加严重，是烟草生产上非常重要的限制因子之一。

【症状】苗期和成株期均可发病。发病初期表现明脉、褪绿，而后在心叶上表现明显的花叶、斑驳；病叶常狭长，严重时叶肉组织变窄，甚至消失，仅剩主脉，而成“鼠尾叶”；叶面发暗、无光泽，有时病叶叶缘上卷；发病植株随发病早晚不同表现不同程度矮化，发育不良。此外，由于引致该病的病毒株系不同，还可表现主侧叶脉的褐色坏死、深褐色闪电状坏死斑纹、褪绿环斑以及黄绿相间的斑驳或深黄色疱斑。

烟草黄瓜花叶病毒病闪电状坏死斑纹

烟草黄瓜花叶病毒病全株症状

烟草黄瓜花叶病毒病叶片狭长、叶缘上卷

【病原】病原为黄瓜花叶病毒（*Cucumber mosaic virus*, CMV），属雀麦花叶病毒科（*Bromoviridae*）黄瓜花叶病毒属（*Cucumovirus*）。病毒粒体为近球形的二十面体，直径约29 nm。病毒为三分体基因组，每个病毒粒体包裹有单分子的RNA1或RNA2，或RNA3和RNA4。根据血清学和基因组序列差异，CMV可分为Ⅰ亚组和Ⅱ亚组，Ⅱ亚组流行于热带和亚热带，症状较重；Ⅰ亚组主要在温带地区流行，其中ⅠA株系导致豇豆（*Vigna unguiculata*）系统花叶症状，而ⅠB株系则产生局部坏死症状。

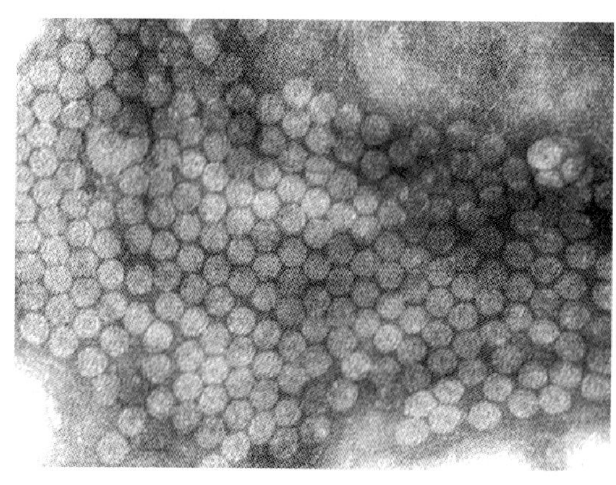
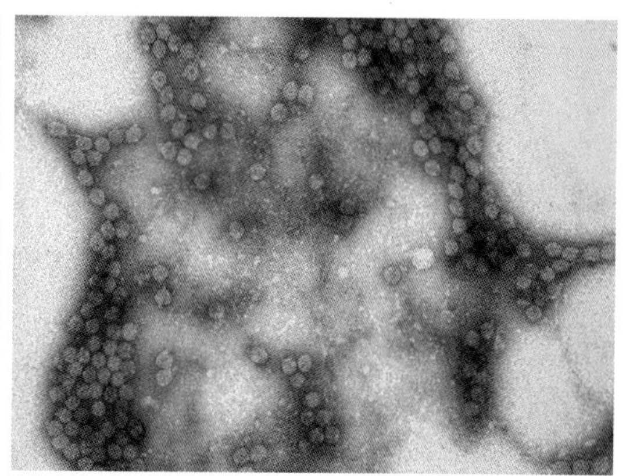

黄瓜花叶病毒粒体

【发生规律】CMV主要在烟区蔬菜、杂草和花卉等中间寄主上越冬。次年春天通过蚜虫（60余种蚜虫可传该病毒）以非持久性方式传毒，在田间可通过蚜虫和机械接触反复传播。由于现有栽培品种都较为感病，因此蚜虫和不当的农事操作与病害的发生和流行极为相关。一般在杂草较多、距菜园较近、蚜虫发生较多的烟田，病害发生早且受害较重。

【防治方法】(1) 利用抗耐病资源：目前对CMV表现中抗的资源有Ti245、铁把子，对CMV表现中感的有三生-NN、牛耳烟、8301、秦烟95、翠碧1号等。(2) 治蚜防病：蚜虫为CMV的传毒介体，要阻断病毒的虫传途径，可用防虫网覆盖苗床，采用银灰地膜栽培，避蚜防病，适时喷施杀虫剂，防治蚜虫。(3) 避免机械接触传染和喷施抗病毒剂：具体措施参考烟草普通花叶病毒病。

03 烟草马铃薯Y病毒病

马铃薯Y病毒病最早于1931年在马铃薯上被发现，目前世界各地均有发生，寄主广泛，尤其在烟草、马铃薯、辣椒等作物上危害严重。1953年马铃薯Y病毒病在欧洲马铃薯种植区流行，20世纪70年代扩展至美洲，目前中国东北、黄淮和西南烟区均有不同程度发生，尤其以烟草与马铃薯、蔬菜混种地区危害严重。此病害引起的损失因烟草生育期和病毒株系不同而异，在移栽后4周内感染马铃薯Y病毒脉坏死株系，可导致绝产绝收，若近采收期感染或感染弱毒株系，则减产相对较轻，一般损失25%～45%。马铃薯Y病毒病除引起产量损失外，更为严重的是病叶烘烤或晾晒后外观和香味较差，其品质显著降低。

【症状】幼苗到成株期都可发病，但以大田成株期发病较多。此病为系统侵染，整株发病。烟草感染马铃薯Y病毒后，因品种和病毒株系的不同所表现的症状特点亦有明显差异，症状大致分为4种类型。(1) 花叶型：叶片在发病初期出现明脉，而后支脉间颜色

烟草马铃薯Y病毒病叶片症状

变浅，形成系统斑驳，马铃薯Y病毒的普通株系常引起此类症状。(2) 脉坏死型：由马铃薯Y病毒的脉坏死株系所致，病株叶脉变暗褐色到黑色坏死，有时坏死延伸至主脉和茎的韧皮部，病株叶片呈污黄褐色，根部发育不良，须根变褐，数量减少。在某些品种上表现病叶皱缩，向内弯曲，重病株枯死而失去烘烤价值。(3) 褪绿斑点型：发病初期病叶先形成褪绿斑点，之后叶肉变成红褐色的坏死斑或条纹斑，叶片呈青铜色，多发生在植株上部2～3片叶，但有时整株发病，此症状由马铃薯Y病毒的点刻条斑株系所致。(4) 茎坏死型：病株茎部维管束组织和髓部呈褐色坏死，病株根系发育不良，变褐腐烂，由马铃薯Y病毒茎坏死株系所致。

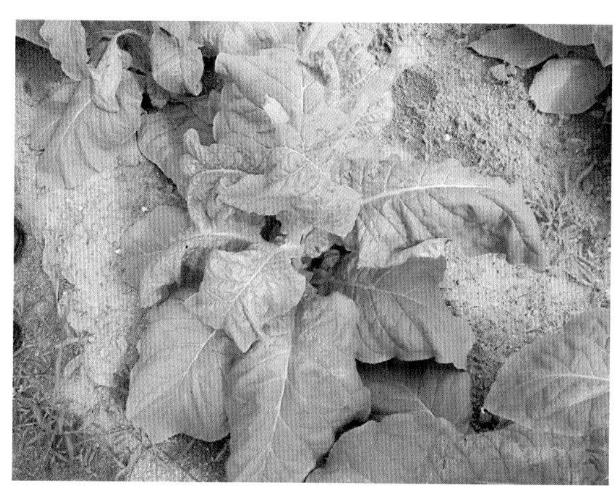

烟草马铃薯Y病毒病全株症状

【病原】病原为马铃薯Y病毒（*Potato virus Y*, PVY），是马铃薯Y病毒科（*Potyviridae*）马铃薯Y病毒属（*Potyvirus*）的典型成员，其粒体为微弯曲线状，大小为（680～900）nm×（11～12）nm（长×宽）。PVY存在明显的株系分化现象。根据在烟草不同品种和其他寄主上的症状反应可分为多个株系。我国烟草上鉴定出4个株系，分别为普通株系（PVY^{O}）、脉坏死株系（PVY^{VN}）、茎坏死株系（PVY^{NS}）、点刻条斑株系（PVY^{C}）。

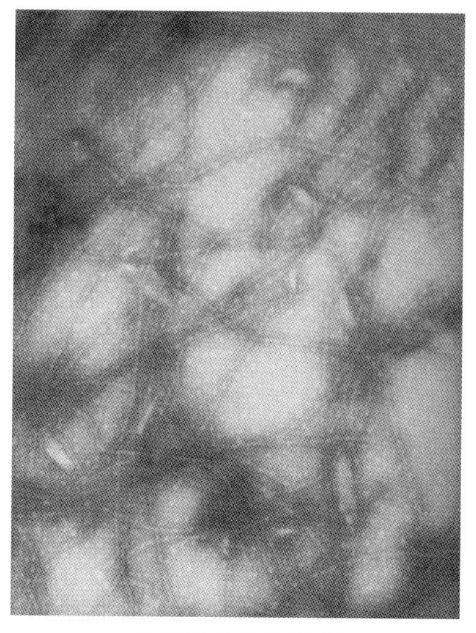

马铃薯Y病毒粒体

【发生规律】PVY一般在马铃薯块茎及周年栽植的茄科作物（番茄、辣椒等）上越冬，温暖地区多年生杂草也是PVY的重要宿主，这些是病害初侵染的主要毒源，田间感病的烟株是大田再侵染的毒源。

PVY可通过蚜虫、汁液摩擦、嫁接等方式传播，自然条件下以蚜虫传毒为主。介体蚜虫主要有棉蚜（*Aphis gossypii*）、烟蚜（*Myzus persicae*）、马铃薯长管蚜（*Macrosiphum euphorbiae*）等，以非持久性方式传毒。蚜虫传毒效率与蚜虫种类、病毒株系、寄主状况和环境因素有关。亚热带地区可在多年生植物上连续侵染，通过蚜虫迁飞向烟田转移，大田汁液接触传毒也很重要。染病植株在25℃时体内病毒浓度最高，温度达30℃时浓度最低，出现隐症现象。幼嫩烟株较老株发病重，蚜虫为害重的烟田发病重，天气干旱易发病。该病多与CMV混合发生。

【防治方法】(1) 利用抗耐病资源：目前主要的抗耐病资源有NC744、NCTG52、Virginia SCR、VAM、TN86、PBD6。(2) 治蚜防病：蚜虫为PVY的传毒介体，要阻断病毒的虫传途径，可用防虫网覆盖苗床，采用银灰地膜栽培，避蚜防病，适时喷施杀虫剂，防治蚜虫。(3) 避免机械接触传染和喷施抗病毒剂：具体措施参考烟草普通花叶病毒病。

04 烟草蚀纹病毒病

烟草蚀纹病毒于1930年在美国肯塔基州的烟草、番茄、辣椒和矮牵牛上分离并由Johnson首次报道。在中国，成巨龙、魏宁生等在陕西烟区首次发现和报道了该病毒，目前该病毒病在中国各大烟区均有发生，特别是在云南、贵州、四川、安徽、河南、陕西、辽宁、山东等省份发生较为严重，且已成为一些烟区的主要病害之一，如陕西、河南西部和云南的部分地区。烟草蚀纹病毒病可导致感病烟草减产68%，完全丧失经济价值；1990年，该病曾在陕西烟区发生流行，发病面积达1.28万hm^2，损失严重。

【症状】受害烟株一般在旺长中后期显症，主要表现为叶脉坏死，叶部坏死症状自下而上蔓延。发病初期，叶面形成褪绿黄点、细黄条，随后沿细脉扩展，连接成褐色或白色线状蚀刻斑，造成叶脉坏死，严重时病斑或者坏死叶脉布满整个叶面。后期病组织连片枯死脱落，造成穿孔或者仅留主、侧脉骨架。采收时叶片易破碎。

烟草蚀纹病毒病田间症状

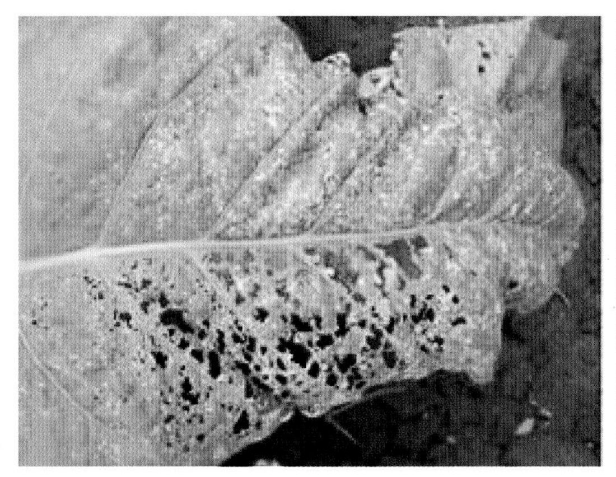

烟草蚀纹病毒病叶片症状

【病原】烟草蚀纹病毒（*Tobacco etch virus*, TEV）属于马铃薯Y病毒属成员，病毒粒体呈弯曲线状，无包膜，长为723 nm，宽为11.5 nm，TEV基因组为单分体正链ssRNA，由9 496个核苷酸组成。该基因组只包含1个开放阅读框架（ORF），进行表达时先翻译成1个大的多聚蛋白，再通过自身编码的蛋白酶将多聚蛋白加工成有功能的蛋白。

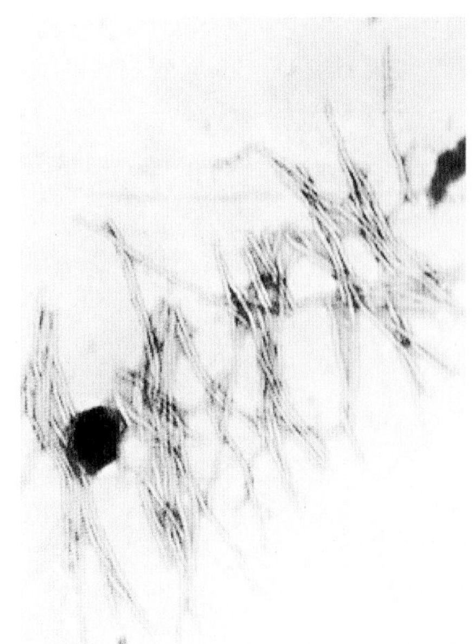
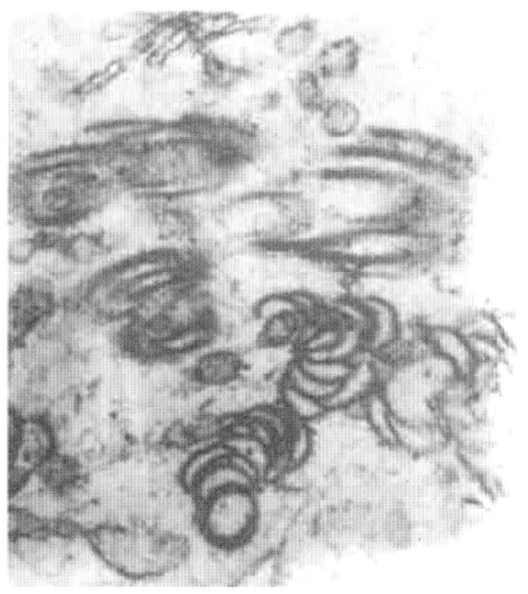

烟草蚀纹病毒粒体和内含体

【发生规律】烟草蚀纹病毒主要通过烟蚜等十多种蚜虫传播，属非持久性传播，在较短时间内（几秒至几分钟）即可传毒成功；也可以通过汁液接触传毒。该病毒主要在蔬菜和杂草上越冬。在适于蚜虫发生的地区或生态环境下，病害发生重。病害的发生流行与介体蚜虫数量呈正相关。不同品种对TEV的抗性有明显的差异，而各地的抗性反应也不完全相同。

【防治方法】(1) 预防为主，杀蚜防病，同时隔离烟草蚀纹病毒的毒源植物和传毒蚜虫。(2) 推行规范化农业耕作和栽培措施，如麦烟套种耕作、设置防虫网、适时移栽等。(3) 清除杂草，合理施肥。(4) 施用免疫增强剂或者抗病毒药剂，如1.1%云芝葡聚糖水剂，苗期用药1 ~ 2次，移栽前一天用药1次，以防止病毒在移栽时通过接触传染，在移栽后的生长前期施用2 ~ 3次；或参照黄瓜花叶病毒和马铃薯Y病毒防治，提倡在田间操作前对烟株喷药保护。

05 烟草马铃薯X病毒病

烟草马铃薯X病毒病在世界各烟区均有分布。最早由Smith于1931年报道，我国东北、西北、黄淮和西南烟区均有烟草马铃薯X病毒病发生。马铃薯X病毒寄主范围较广，可侵染茄科、苋科和藜科等16科240种植物。

【症状】因为株系的不同，马铃薯X病毒引起的症状差别很大。有些株系在普通烟草上不引起明显症状；有些株系先引起明脉，然后形成轻微的花叶；有些沿叶脉变深绿色，或者引起环斑、坏死性条斑等；有些株系引起的症状在高温条件下会出现隐症。在白肋烟上，马铃薯X病毒表现为系统的环斑或斑驳。在曼陀罗（*Datura stramonium*）上先产生系统性的褪绿环，然后产生花叶和斑驳。烟草栽培品种适宜作为繁殖寄主。千日红（*Gomphrena globosa*）是马铃薯X病毒的枯斑寄主，可用于病毒的分离纯化。

马铃薯X病毒如果与PVY、烟草脉带花叶病毒（*Tobacco vein banding mosaic virus*，TVBMV）、TEV等马铃薯Y病毒属病毒复合侵染，则症状加剧，危害更加严重。

烟草马铃薯X病毒病在普通烟草上的症状

烟草马铃薯X病毒与烟草脉带花叶病毒的协生作用

【病原】马铃薯X病毒（*Potato virus X*, PVX）是马铃薯X病毒属（*Potexvirus*）的典型种。病毒粒体线状，长约515 nm。其基因组由一条单组分正单链RNA分子组成，长约6 435 bp，3’末端有一个poly（A）结构，5’末端有m^{7}GpppA帽，由亚基因组编码RNA，有5个开放式阅读框（ORFs）。ORF1编码166 u的RNA依赖的RNA聚合酶（RNA-dependent RNA polymerase，RdRp）；中间的ORF2、ORF3、ORF4相互重叠，称为三基因块（triple gene block, TGB），分别编码25 u的TGBp1、12 u的TGBp2、8 u的TGBp3；3’末端的ORF5编码25 u的病毒外壳蛋白（capsid protein，CP）。

PVX具有很强的免疫原性。根据血清型反应结果，可以把PVX分为4组。根据PVX的基因组序列可以分为2个组：美洲组和欧亚组。

【发生规律】PVX主要靠汁液接触传播，也可依靠植株间的接触传播，不经种子和花粉传播。在低温冷凉、光照不足条件下，病害加重，而天气晴朗、温度升高时病害症状减轻。根据山东农业大学植物病毒研究室的研究结果，K326、NC95、NC89、云烟85、中烟201、中烟109等烟草品种都高感PVX。

【防治方法】（1）培育和种植抗耐病品种。（2）培育无病烟苗。（3）烟田应避开前茬作物是马铃薯和烟草的地块，远离马铃薯田。在栽烟前，铲除烟田周围的茄科、苋科和藜科植物。（4）注意田间操作卫生，减少由于农事操作造成的人畜、农具等传播。（5）在发病初期可用20%盐酸吗啉胍可湿性粉剂400倍液或2%氨基寡糖素水剂500倍液喷雾。

06 烟草脉带花叶病毒病

烟草脉带花叶病毒病在我国和美国北卡罗来纳州等烟区均有分布。1966年，我国台湾首次报道了烟草脉带花叶病毒病的发生。1982年，关国经等对贵州省烟区引起烟草花叶病的病原进行了鉴定，最终确定病原为烟草脉带花叶病毒。1992年，Reddick等发现烟草脉带花叶病毒病在北美烟草上发生严重。烟草脉带花叶病毒病在中国大陆一直是次要病害，近年来在我国山东、河南、安徽、云南等省份主产烟区的发生呈上升趋势。烟草脉带花叶病毒病在部分地块发病率可达30%，影响烟叶品质和产量；如果与马铃薯X病毒等复合侵染，造成的损失会更重。

【症状】烟草脉带花叶病毒病在普通烟上的典型症状是在叶脉两侧形成浓绿的带状花叶。侵染烟草8 d可在叶片上引起明脉症状，14 d后可引起典型的脉带花叶症状。有些株系的致病力较弱，不引起明显的脉带花叶症状。

该病害在田间与马铃薯Y病毒引起的症状相似，因此在生产上常将该病与PVY引起的病害一起称为烟草脉斑病。烟草脉带花叶病毒主要侵染烟草、番茄和马铃薯等茄科植物，在普通烟、心叶烟、三生烟、本氏烟上引起脉带花叶，在番茄上引起斑驳，在洋酸浆、曼陀罗上引起花叶症状，在苋色黎（*Chenopodium amaranticolor*）和昆诺藜（*C. quinoa*）上形成枯斑，不侵染花生和油菜。

烟草脉带花叶病毒侵染初期产生明脉症状

烟草脉带花叶病毒侵染叶片形成的脉带花叶症状

烟草脉带花叶病毒弱毒株系D198K和R182I在本氏烟上的症状

【病原】烟草脉带花叶病毒（*Tobacco vein banding mosaic virus*，TVBMV）属于马铃薯Y病毒科（*Potyviridae*）马铃薯Y病毒属（*Potyvirus*）。病毒粒体呈弯曲线状，长约700 nm。其基因组为正义单链RNA，由9 570个核苷酸组成。5’端有病毒基因组连接蛋白（viral protein genome-linked，VPg），3’末端有1个Poly（A）尾巴。TVBMV基因组含有1个大的开放阅读框（ORF），翻译成1个多聚蛋白，随后在自身蛋白酶的切割下形成至少10个成熟蛋白。

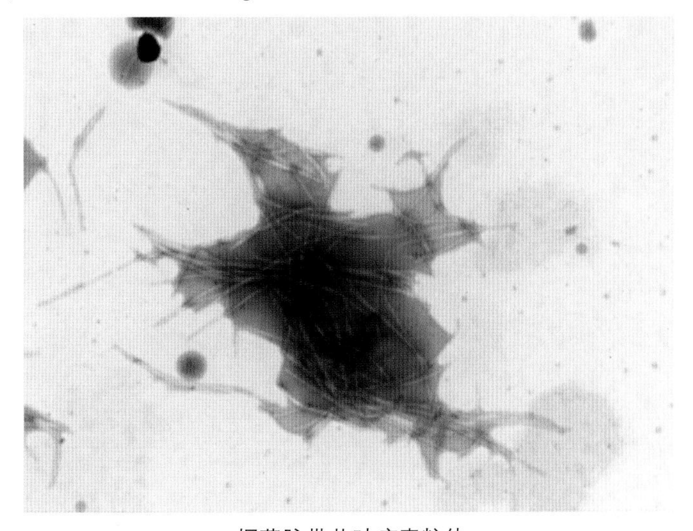

烟草脉带花叶病毒粒体

1994年，Chang等和Habera等通过测定病毒3’端基因组序列，在分子水平上确定了TVBMV的分类地位。根据TVBMV的基因组序列可以分为三个组：云南分离物为一组，美国、日本和我国台湾的分离物为一组，我国大陆其他地区的分离物为一组。

【发生规律】TVBMV在周年种植的茄科植物或多年生杂草上越冬，TVBMV主要由蚜虫以非持久方式传播，棉蚜（*Aphis gossypii*）、桃蚜（*Myzus persicae*）、禾谷缢管蚜（*Rhopalosiphum padi*）和麦二叉蚜（*Schizaphis graminum*）等均可传播TVBMV。发病植株可以作为再侵染源，由介体蚜虫传到其他烟株上持续危害。根据山东农业大学植物病毒研究室的研究结果，ZC-01、K326、NC95、NC89、云烟85、中烟201、CF209、G140、中烟109等烟草品种均不抗TVBMV。

烟草脉带花叶病毒病的发生和蚜虫发生量直接相关。如果田间有翅蚜发生量大，烟草脉带花叶病毒病的发生就普遍，发生越早，危害越重。TVBMV和马铃薯X病毒等复合侵染的危害超过病毒单独侵染。

【防治方法】（1）培育抗耐病品种。（2）培育无病烟苗，苗期施用植物根际促生菌（plant growth promoting rhizobacteria，PGPR）可以提高植株抗病性。（3）在栽烟前，铲除烟田周围的杂草，减少病毒的初侵染源。加强肥水管理，提高植株抗病性。（4）在发病初期可用20%盐酸吗啉胍可湿性粉剂400倍液或2%氨基寡糖素水剂500倍液喷雾。其他措施可以参考马铃薯Y病毒病的防治。

07 烟草番茄斑萎病毒病

烟草番茄斑萎病毒病可在烟草整个生育期发生危害，为世界性分布，一般发生在温带、亚热带地区。20世纪70年代美国最早报道了该病害的发生与危害，1992年姚革等在四川发现类似症状的烟草病株，2000年张仲凯等通过电子显微镜等方法首次在云南烟草病株中检测到番茄斑萎病毒，2011年卢训等在云南烟草病株中检测到另一种番茄斑萎病毒属的病毒番茄环纹斑点病毒（*Tomato zonate spot virus*，TZSV）可侵染烟草引起类似症状。目前该类病害在我国各烟区均有发生，尤其是在西南烟区，如云南、广西、贵州、四川和重庆等省份发生较为严重。

【症状】烟草病株初期表现为发病叶片半叶点状密集坏死，且不对称生长；发病中期，病叶出现半叶坏死斑点和脉坏死，顶部新叶出现整叶坏死症状；发病后期，烟株进一步坏死，茎秆上有明显的凹陷坏死症状，且对应部位的髓部变黑，但不形成碟片状；最终导致烟株整株死亡。

【病原】番茄斑萎病毒（*Tomato spotted wilt virus*, TSWV）属布尼亚病毒科（*Bunyaviridae*）番茄斑萎病毒属（*Tospovirus*）。病毒粒体球状，直径80 ~ 110 nm，表面有一层外膜包被。病毒基因组为三分体单链RNA，即L RNA、M RNA、S RNA，L RNA为负义RNA，全长8 919 nt，M RNA为双义RNA，全长4 945 nt，S RNA为双义RNA，全长3 279 nt。

烟草番茄斑萎病毒病苗期症状

番茄斑萎病毒引起的脉坏死症状

烟草番茄斑萎病毒病叶部症状

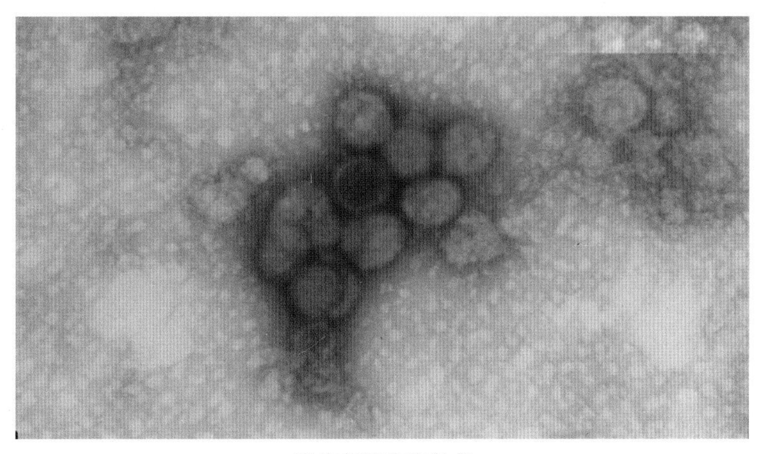

番茄斑萎病毒粒体

【发生规律】番茄斑萎病毒属病毒主要通过蓟马传播，也易通过汁液摩擦接触传染。至少有8种蓟马可以持久性传播该类病毒，包括西花蓟马、烟蓟马、苏花蓟马、苜蓿蓟马、棕榈蓟马等。番茄斑萎病毒属病毒寄主范围较广，可侵染70余属1 000余种植物。

【防治方法】(1) 使用杀虫剂防治越冬蓟马，减少春季始发虫源，降低虫口基数；利用60目*以上尼龙网在育苗期阻断蓟马取食烟苗、银色地膜驱避蓟马、蓝色诱虫板诱集蓟马等物理防治方法防控蓟马的危害。(2) 移栽至团棵期，通过及时施用提苗肥，适当施用锌肥等措施，促进烟苗快速还苗，增强烟株抗病能力。(3) 苗期检测并剔除带毒烟苗，大田初期及时拔除并销毁病株；加强烟田卫生管理，及时铲除田间及周边杂草，烟田不与茄科等蔬菜作物轮作或间套作。

08 烟草曲叶病毒病

烟草曲叶病毒病可在烟草整个生育期产生危害，该病害多发生在热带、亚热带地区以及温带局部地区，在我国各烟区均有发生，尤其在西南烟区，如云南、四川、广西等省份的部分烟田发生较为严重。

【症状】苗期和大田期均可发病，发病初期，顶部嫩叶微卷，后卷曲加重，苗期感染的病株严重矮化，叶片皱缩，凹凸不平，叶色深绿，叶缘反卷，主脉变脆，叶脉黑绿色，叶背面小叶脉增粗，中脉扭曲，常有耳状突起，大小不等，重病株叶柄、主脉、茎秆扭曲畸形，基本无利用价值。后期发病，仅顶叶卷曲，下部叶可用，但质量差。

烟草曲叶病毒病叶片正反面症状

* 目为非法定计量单位，60目对应的孔径约为0.3 mm。

烟草曲叶病毒病全株症状

【病原】主要由烟草曲叶病毒（*Tobacco leaf curl virus*，TLCV）引起，属双生病毒科（*Geminividae*）菜豆金色花叶病毒属（*Begomovirus*）。病毒粒体为双联体结构，大小约为18 nm×30 nm，无包膜。病毒为单链环状DNA病毒，基因组为双组分或单组分，即DNA-A和DNA-B，在我国发现的大多数都是单组分的，含有DNA-A且伴随有致病性卫星分子DNA β。DNA-A基因组大小约为2.7 kb。中国番茄黄化曲叶病毒（*Tomato yellow leaf curl China virus*，TYLCCNV）、烟草曲茎病毒（*Tobacco curl shoot virus*，TbCSV）、云南烟草曲叶病毒（*Tobacco leaf curl Yunnan virus*, TbLCYnV）等病毒也能引起类似症状。

【发生规律】烟草曲叶病毒病由烟粉虱（*Bemisia tabaci*）传播，其最短获毒期为15～120 min，在健株上传染病毒最少需要10 min，虫体的持毒期一般在12 d以上。此外，曲叶病毒也可由嫁接传染，而种子和汁液摩擦不传染。该病毒的寄主范围十分广泛，主要侵染茄科、菊科和锦葵科等双子叶植物。田间多种杂草寄主和感病烟株是最主要的侵染来源。烟粉虱在其他寄主作物、杂草和烟草病株上发生，并不断传染危害。任何影响烟粉虱生长繁殖的因素都直接影响曲叶病的发生和流行。在周年温度较高而干旱的地区，烟粉虱较活跃，曲叶病广为传播，发生严重。

【防治方法】(1) 选用抗病品种。(2) 使用杀虫剂防治越冬虫源，减少春季始发虫源，降低虫口基数；育苗期利用60目以上尼龙网阻断、黄色诱虫板诱杀等物理防治方法防控烟粉虱的危害。(3) 根据烟粉虱发生流行高峰期与昆虫活动的特性，在允许范围内调整烟苗移栽期，避免在烟粉虱发生高峰期移栽，减少烟苗与传毒介体接触的机会。(4) 苗期检测并剔除带毒烟苗，大田初期及时拔除并销毁病株；加强烟田卫生管理，铲除田间及周边杂草，烟田不与茄科等蔬菜作物轮作或间套作。

09 烟草丛顶病

烟草丛顶病在津巴布韦、马拉维、赞比亚、南非和埃塞俄比亚等非洲国家以及亚洲的泰国、巴基斯坦等国家均有发生。20世纪80年代中期，该病在云南省部分烟区零星发生，当时被当成次要病害而未对病原进行鉴定。20世纪90年代，烟草丛顶病开始频繁发生，对云南省烟草生产造成了严重的影响。该病不仅危害烤烟，还能侵染香料烟、白肋烟和地方晾晒烟。1993年，该病害在云南保山地区首次暴发并造成大面积流行，发病面积达7 333 hm^2以上，发病田块病株率平均为17.2%，重病田块高达75%以上，损失烟叶约500万kg。1998年怒江两岸近167 hm^2香料烟发病绝产。目前该病虽在云南省各个烟区均有发生，但总体危害较轻。

【症状】侵染初期，叶片上出现细小的淡褐色蚀点斑，随后发展成坏死斑；新生叶蚀点斑症状较轻，叶片较小并且褪绿或黄化，上部叶片的脉间组织褪绿，呈现轻微的斑驳症状；发病烟株顶端优势丧失，节间缩短，植株矮化缩顶，腋芽提早萌发，侧枝丛生。

烟草丛顶病田间发病症状

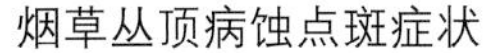
烟草丛顶病蚀点斑症状

烟草丛顶病烟株矮化和缩顶症状

【病原】烟草丛顶病的病原为病毒复合体（Tobacco bushy top disease complex），是直径为20 nm的二十面体病毒粒体。病毒粒体的外壳蛋白由烟草脉扭病毒（*Tobacco vein distorting virus*, TVDV）编码；病毒粒体中包含5种病毒RNA组分（vRNA1 ~ vRNA5），分别为烟草脉扭病毒的基因组RNA（vRNA1）、烟草丛顶病毒（*Tobacco bushy top virus*, TBTV）的基因组RNA（vRNA2）、烟草丛顶病伴随RNA（tobacco bushy top disease-associated RNA, TBTDaRNA）（vRNA3）、烟草丛顶病毒卫星RNA（tobacco bushy top virus satellite RNA）（vRNA4）和一个未鉴定的病毒RNA（vRNA5）。

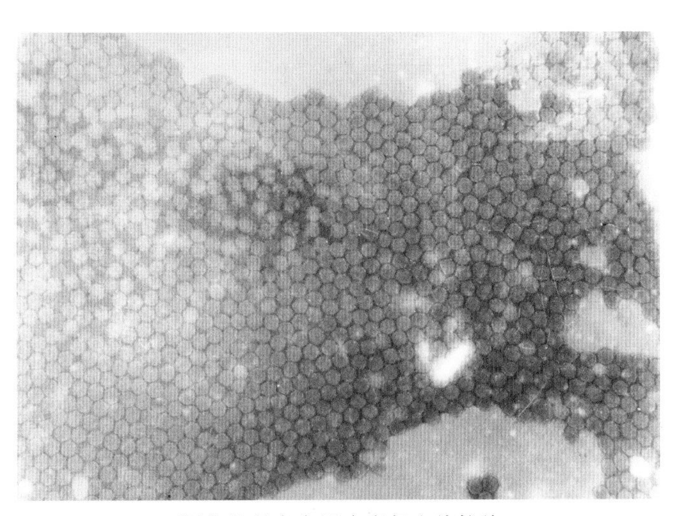

烟草丛顶病病原病毒复合体粒体

【发生规律】在苗床上烟草丛顶病最早发病时间为4月中、下旬，导致病害流行的主要因素是苗期和移栽初期的两次蚜虫迁飞高峰。后期蚜虫发生的高峰期对病害发生有一定的影响，但症状表现在旺长期烟株的顶部叶片和采收后的杈烟上。

烟草丛顶病与气象因子的相关性显著，保山市烟草丛顶病研究点观测的1992—1998年的病害发病数据和气象数据建立的预测模型表明，烟草丛顶病的发生与3月、5月的湿度和上一年度12月的日照时数有重要关系。

【防治方法】(1) 农业防治：目前生产上推广的品种均为感病品种。烟草丛顶病在田间以蚜虫为主进行传播，控制该病害必须采取“治（避）蚜防病，综合防治”的技术体系。关键是苗期，要培育无毒烟苗、控制传媒蚜虫、淘汰病苗，加强苗床管理。苗床采用网罩隔离育苗的方法防止蚜虫传毒，是防治烟草丛顶病的关键环节。适时移栽，结合当地的气象条件和农作物结构，确定适宜的移栽期，避开蚜虫迁飞的高峰期，减少传毒机会。加强烟田管理，移栽后1个月内（团棵期前），将病苗拔除，用预备苗替换。采收后清除烟秆，减少来年初侵染源。(2) 治蚜防病：移栽后每隔7 ～ 10 d，喷施杀虫剂（共3 ～ 4次）可以有效地控制蚜虫传播烟草丛顶病，其他措施参考黄瓜花叶病毒病。

10 烟草番茄黑环病毒病

番茄黑环病毒由Smith于1946年首次报道，1984年在我国福建首次被发现，1991年河南报道了该病毒，目前主要分布在福建、河南等地，属于轻度发生的病毒病，危害不重。该病毒除为害烟草外，还能够广泛侵染部分单子叶、双子叶草本和木本植物，如甜菜、马铃薯以及番茄等。

【症状】被侵染的烟株叶片上产生局部褪绿或坏死斑，系统侵染为白色或黄白色坏死斑点、环斑或线纹。打顶后，烟株症状逐渐减轻至无症带毒。新生叶上往往无症但带有病毒。据河南人工接种鉴定，发现有两种症状类型：①在心叶烟、普通烟、曼陀罗上表现斑驳症状，在苋色藜、昆诺藜上表现褪绿的坏死小条斑或环斑，矮牵牛的叶片感染该病毒后，初期出现褪绿斑或环斑，后变黑褐色坏死；②在心叶烟和曼陀罗上无症状，在普通烟、苋色藜、昆诺藜及番茄上表现局部枯斑到系统性坏死，在矮牵牛叶片上表现为黑褐色环斑和叶片坏死。

烟草番茄黑环病毒病叶片症状

【病原】番茄黑环病毒（*Tomato Black Ring Virus*，ToBRV），属豇豆花叶病毒科（*Comoviridae*）线虫传多面体病毒属（*Nepovirus*）。病毒粒体球形，直径约30 nm。基因组为双分体ssRNA，5’端有VPg结构，3’端有Poly（A），含有卫星RNA。该病毒可侵染29科、76种以上双子叶植物。已研究的最多的ToBRV分离物属于两个主要血清型：苏格兰（S）血清型和德国（G）血清型。德国血清型的全基因组序列测定为7 356 nt（RNA-1）和4 662 nt（RNA-2）；苏格兰血清型的RNA-2为4 618 nt。

【发生规律】ToBRV在自然界中主要由长针线虫（*Longidorus elongatus*）传播，线虫的幼虫和成虫均可传播病毒，但病毒无法在介体中增殖，蜕皮后不再带毒，也不能随卵传给后代，在休耕土壤中能保持侵染活性达9周。该病毒也可通过种子、花粉及汁液摩擦等传播。因此，介体线虫只能短距离传播，被害植物材料是国际间重要传播和扩散的根源。据河南实地观察结果可知，烟草种子质量差、烟田连作、烟株生长势较弱的烟田发病较重。

【防治方法】（1）选用无病种子，培育无病壮苗。（2）注意田间卫生，加强杂草控制，在苗床和大田操作时，切实做到手和工具的消毒处理，在管理中，先处理健株，后处理病株。（3）避免与长针线虫的寄主如银莲花、甜菜、草莓、樱桃、马铃薯等作物轮作。（4）加强检疫，控制其进一步扩大蔓延。（5）通过土壤熏蒸法或使用适当的土壤消毒剂杀死线虫。

11 烟草环斑病毒病

烟草环斑病毒是我国的进境检疫性有害生物。它主要分布于北美、东亚和东南亚地区。烟草环斑病毒的寄主范围非常广泛，可侵染茄科、豆科、葫芦科、菊科等15科321种植物，主要以豆科和茄科为主。目前在我国云南、山东、河南、安徽、陕西、黑龙江等省份烟草上零星分布，但是有逐渐扩散的趋势，需引起重视。该病常与其他烟草病毒病混合发生，加重其危害。

【症状】烟草环斑病毒可以从叶部以及根部两个部位开始侵染烟草。坏死症状一般发生在植株中部叶片、叶柄、叶脉以及茎秆。发病初期，在叶片上产生一些波浪状或者轮状的坏死性斑纹，后褪绿变黄，成为黄褐色的坏死弧斑或环斑。叶脉上产生一些褐色条斑，破坏了植株的疏导组织，进而叶片枯死。叶柄和茎上则是产生褐色条斑，之后下陷溃烂。发病较重的病株，叶片变小变轻，植株矮化，结实几乎不育。TRSV接种鉴别寄主心叶烟、苋色藜、普通烟，在接种的叶片上表现枯斑症状，在没有接种的上部叶片上表现为环斑症状。

【病原】烟草环斑病毒（*Tobacco ring spot virus*，TRSV）属于豇豆花叶病毒科（*Comovirdae*）线虫传多面体病毒属（*Nepovirus*），为正单链RNA病毒。病毒粒体为二十面体，直径26 ~ 29 nm，致死温度为65 ~ 70℃，稀释限点为10^{-3} ~ 10^{-4}。TRSV主要分为黄色环斑株系和绿色环斑株系。

烟草环斑病毒侵染烟草叶片造成的症状

【发病规律】该病毒可在两年生和多年生杂草以及烟草、大豆等种子上越冬。病害可通过机械接触传染和烟蚜、线虫、烟蓟马等传播，近期发现蜜蜂也可携带该病毒，但传毒率很低，在传毒介体中以线虫为主，且以剑线虫传毒效率最高。病毒可从根及叶片的伤口侵入，黄淮烟区一般6月上旬开始发病，6月中、下旬为发病高峰期。重茬烟、豆茬烟比红薯茬烟发病重。高氮水平下发病较重。

【防治方法】由于该病毒可通过烟蚜、线虫、蓟马等介体传播和机械传染，因此首先要适时喷药防治传毒介体，尤其是土壤中的线虫。此外，还应避免机械接触传染，具体防治方法参考烟草黄瓜花叶病毒病。

12 烟草紫云英矮缩病毒病

紫云英矮缩病毒病最早于1950年由Matsuura等在日本报道，病毒基因组由Isogai等在1990年首次测序完成，2013年Uddin 等在孟加拉报道紫云英矮缩病毒能侵染豆科作物。近几年在我国山东、甘肃、安徽、陕西等省烟草上均有发生。烟草一旦感染该病毒，烟株顶部将呈现矮缩聚顶状，影响烟株生长，严重时导致整株坏死，危害重病田发病率达17.5%～34.8%，大面积发生时可导致整片烟田绝收，发病植株基本失去经济价值。

【症状】发病初期新生叶明脉，之后叶尖、叶缘向外反卷，节间缩短，大量增生侧芽，叶片浓绿，质地变脆，中上部叶片皱褶，叶脉生长受阻，叶肉突起呈泡状，整个叶片反卷呈钩状，下部叶往往正常。病株严重矮化，重者顶芽呈僵顶，后逐渐枯死。烟草生长后期发病，仅顶叶卷曲呈“菊花顶”状，下部叶仍可采收。

【病原】紫云英矮缩病毒（*Milk vetch dwarf virus*，MDV）为矮缩病毒属（*Nanovirus*）的重要成员。病毒粒体为直径17～20 nm的等轴颗粒，具二十面体对称结构（T=1），无包膜，外观有棱角或呈六边形，壳粒结构清晰。在病毒纯化前冷冻组织不影响病毒的形态。基因组含有8个环状单链DNA分子，大小为985～1 111 nt。每个组分结构相似，为

烟草紫云英矮缩病毒病田间症状

烟草紫云英矮缩病毒病田间症状

正义分子，并单向转录，其非编码区均含有一个保守茎环结构。外壳蛋白由一个多肽组成，分子质量为19 ～ 20 u。病毒具免疫原性，紫云英矮缩病毒与蚕豆坏死黄化病毒的抗血清及多数单克隆抗体有反应。

【发生规律】自然界中由蚜虫以持久方式传播。烟蚜是影响该病发生的重要因素，带毒昆虫对烟草的危害，主要取决于烟蚜春季迁入苗床和大田的时间及虫量。随生育期的延长烟株抗病性增强，2 ～ 4叶期幼苗易感病，移栽后则不易发病。低温、低湿及弱光可延缓发病。

【防治方法】烟草上主要由烟蚜传播紫云英矮缩病毒，由于幼苗最易感病，因此要通过防治蚜虫来控制病害的发生，尤其是保护烟苗不受侵染。可用防虫网覆盖苗床，定期喷药防治蚜虫，防止蚜虫传毒；还应避免临近紫云英种植烟草，减少毒源。其他防治措施参考烟草普通花叶病毒病。

13 烟草野生番茄花叶病毒病

烟草野生番茄花叶病毒病于2008年在野生番茄上首次报道，目前主要分布于东亚、东南亚地区，该病毒可侵染野生番茄、辣椒、颠茄、烟草。该病害虽然仅在我国广东和四川烟草上零星分布，但是有逐渐扩散的趋势，需引起重视。该病常与其他烟草病毒病混合发生，加重其危害。

【症状】苗期和成株期均可发病。初期发病表现明脉，后期在心叶上表现明显花叶、斑驳；病叶畸形，叶缘上卷；叶面黄化；发病植株随发病时间早晚表现不同程度的矮化，发育不良。

野生番茄花叶病毒引起烟草明脉、黄化、叶缘上卷等症状

【病原】野生番茄花叶病毒（*Wild tomato mosaic virus*，WTMV）属于马铃薯Y病毒科（*Potyviridae*）马铃薯Y病毒属（*Potyvirus*）。病毒粒体呈弯曲线状，长740 ~ 760 nm，直径13 nm。病毒为正义单链RNA病毒，基因组大小约为9 659 nt。

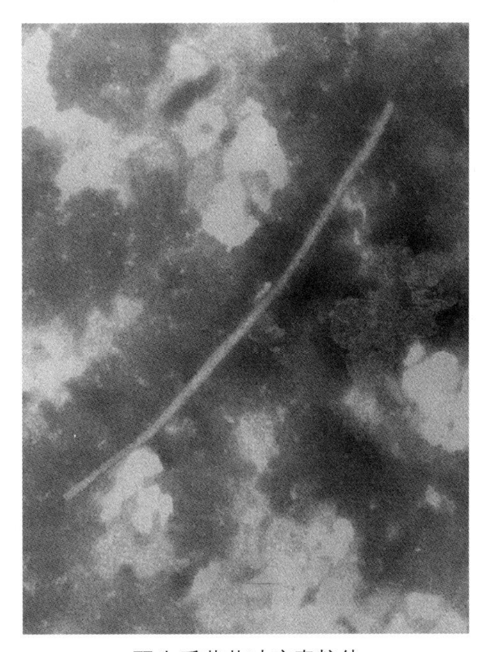

野生番茄花叶病毒粒体

【发生规律】WTMV主要在烟区蔬菜和杂草等中间寄主上越冬。翌年春天通过蚜虫以非持久性方式传毒，在田间通过蚜虫和机械接触反复传播。一般在杂草较多、距菜园较近、蚜虫发生较多的烟田病害发生早，且烟株受害较重。

【防治方法】由于WTMV在烟草上主要由烟蚜和机械接触传播，因此首先要通过防治蚜虫控制病害的发生，尤其应保护烟苗不受侵染。可用防虫网覆盖苗床，采用银灰地膜栽培，避蚜防病，适时喷施杀虫剂，杀灭传毒蚜虫，特别在发病早期，蚜虫向烟田迁飞高峰期及时施药，可有效减少传播。此外，还应避免机械接触传染，其他防治方法参考烟草普通花叶病毒病。

第二章 CHAPTER2 烟草真菌病害

目前在我国烟草上发现的真菌病害有30多种，可导致叶片斑点、根茎坏死等症状。普遍发生且造成一定危害的主要有炭疽病、黑胫病、赤星病、根黑腐病、镰刀菌根腐病、靶斑病、蛙眼病和白粉病等十余种病害。

虽然目前真菌病害种类较1989—1991年第一次全国烟草侵染性病害调查未发现较大变化，但不同真菌病害的分布范围及危害程度却发生了较大变化。随着我国烟草种植区域调整和气候变化，一些次要病害逐渐上升为主要病害，如山东、贵州、河南、福建发生的镰刀菌引致的根腐病，东北烟区发生的靶斑病等。另外，以前的一些主要病害的病原生理小种及抗药性等也发生了较大变化，如烟草黑胫病，在湖北、重庆、四川、云南部分地区，黑胫病菌1号生理小种比例在上升，对甲霜灵、霜霉威盐酸盐等常用药剂的抗药性明显上升，这些都需要我们根据变化对防治措施做出调整。

霜霉病是我国烟草上最重要的检疫病害，虽未在我国发生，但对我国烟叶生产具有潜在威胁，因此在引种及烟叶贸易中，应加强检疫，提高防范意识。

01 烟草炭疽病

烟苗炭疽病在我国各烟区普遍发生，主要在苗期发生，移栽至团棵期有时也会发生。自从20世纪90年代至今，育苗方式发生较大变化，目前主要以集约化漂浮育苗为主，苗期炭疽病总体发生较轻。

【症状】幼苗发病初期，叶片产生暗绿色水渍状小点，1 ~ 2 d可扩展成直径2 ~ 5 mm的圆斑。病斑中央为灰白色或黄褐色，稍凹陷，边缘明显，呈赤褐色，稍隆起。天气多雨时，病斑多呈褐色或黄褐色，其上有时有轮纹或产生小黑点，即病菌的分生孢子盘。发病严重时，病斑密集合并，使叶片扭缩或枯焦。叶脉及茎部病斑呈梭形，凹陷开裂，黑褐色，发生严重时可致幼苗枯死。成株期，多先由底脚叶发病，逐渐向上蔓延。茎部病斑较大，呈网状纵裂条斑，凹陷，黑褐色，天气潮湿时，病部产生黑色小点。

【病原】烟草炭疽病是由半知菌亚门炭疽菌属（*Colletotrichum*）真菌引起的，目前鉴定的病原主要为烟草炭疽菌（*Colletotrichum nicotianae*），亦有报道称其他炭疽菌可造成类似症状。

烟草炭疽菌的菌丝体有分枝和隔膜，初为无色，随着菌龄增长，菌丝渐粗、变暗，

烟草炭疽病苗期症状

内含大量原生质体，并在寄主表皮上形成子座，子座上着生分生孢子盘。分生孢子盘上密生分生孢子梗，孢子梗无色、单胞、棍棒状，上着生分生孢子，分生孢子长筒形，两端钝圆，无色、单胞，两端各有一油球。在分生孢子盘上着生刚毛，暗褐色，有隔膜，该菌在自然条件和人工培养条件下形态大小有差异。

烟草炭疽病大田期症状

【发生规律】烟草炭疽病菌主要随病株残余遗落于土壤或肥料中越冬，亦能以分生孢子黏附于种子表面或以菌丝在种子内部越冬，成为翌年苗床病害初侵染源。在病组织上产生的分生孢子，借助风、雨等传播方式引起再次侵染。水分对炭疽病发病起决定作用，分生孢子只有在潮湿情况下才产生，并且有水膜存在时，才能萌发侵染。苗床温度高、湿度大、通风不良病害发生重。移栽后，雨日多，雨量大，病害易发生流行。

【防治方法】(1) 加强苗床管理：控制苗床温湿度，做好通风，及时剪叶，改善幼苗间通风透光条件。(2) 药剂防治：在发病前可用1 ： 1 ： (160 ~ 200) 波尔多液进行预防或喷施80%代森锰锌可湿性粉剂500 ~ 600倍液、或80%代森锌可湿性粉剂500 ~ 600倍液等药剂。

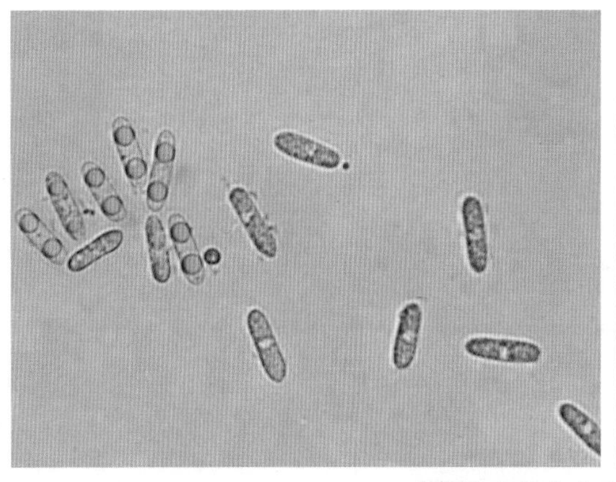
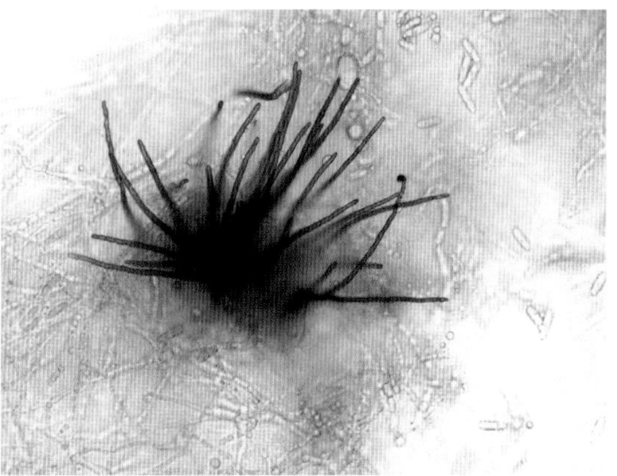

烟草炭疽菌分生孢子及分生孢子盘

02 烟草猝倒病

烟草猝倒病在山东、河南、安徽、云南、贵州、四川、福建、黑龙江和台湾等地都有发生，是我国各烟区普遍发生的一种苗床期病害。

【症状】该病主要在烟株幼苗期发生，也能对大田的烟株产生危害。被侵染的幼苗接近土壤表面部分先发病，发病初期，茎基部呈褐色水渍状软腐，并环绕茎部，幼苗随即枯萎倒伏在地面，子叶保持暂时暗绿色，苗床湿度大时，周围可见一层密生白色絮状物。幼苗5～6片真叶时被侵染，植株停止生长，叶片萎蔫变黄，病苗根部水渍状腐烂，皮层极易从中柱上脱落。当病菌从地面以上侵染时，茎基部常缢缩变细，地上部因缺乏支持而倒折，根部一般不变褐色而保持白色。移栽至大田的病幼苗，遇到适宜环境条件，病症继续蔓延，茎秆全部软腐，病株很快死亡；幸存的植株可继续生长，遇到潮湿天气，接近土壤的茎基部出现褐色或黑色水渍状侵蚀斑块，茎基部下陷

烟草猝倒病症状

皱缩，干瘪弯曲。茎的木质部呈褐色，髓部呈褐色或黑色，常分裂呈碟片状，故大田期也称茎黑腐症。

【病原】烟草猝倒病主要由腐霉属瓜果腐霉（*Pythium aphanidermatum*）引起，属于鞭毛菌亚门。该病菌的寄生范围很广，包括玉米、甘蔗、水稻、大豆、亚麻、甜菜、甘蓝、花椰菜、芹菜、黄瓜、茄子、南瓜、萝卜、莴苣、番茄、马铃薯及草莓等，还可侵染松树幼苗。

烟草猝倒病菌菌丝

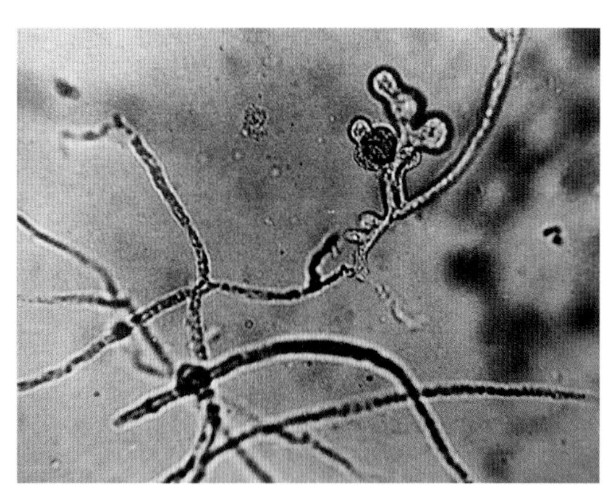

烟草猝倒病菌菌丝及孢子囊

【发生规律】该病菌通常以卵孢子和厚垣孢子在土壤中越冬。在适宜的条件下，萌发形成芽管或游动孢子，游动孢子或菌丝在植株近地面的部位侵染根颈部。在潮湿天气，借助于地表水或灌溉水进行传播，移栽的病苗也携带病菌。病菌在寄主中形成卵孢子，组织腐烂时，卵孢子释放到土壤中成为再侵染源。

该病害发生的最适宜温度为28℃左右，若连续几天温度在24℃以下，加之空气湿度大，土壤含水量大，就有利于病菌的繁殖，导致病害大发生，土壤中有机质过多也会加重病情。

【防治方法】(1) 苗床选地和土壤消毒：苗床应选择地势较高，排水良好的向阳面。土壤可用斯美地消毒：苗床整理好后，每平方米用32.7%威百亩水剂50 ~ 70 mL兑水5 kg混匀后喷洒，喷药后立即用塑料薄膜严密封盖，7 d后揭膜松土，通风散药，3 d后播种。在东北烟区沿用的蒸气熏蒸营养土方法简便适用，效果亦佳。方法是在热锅上放蒸帘，分层撒营养土，中间插放温度计，装满后盖上，待温度升至93℃时，持续30 min，即可达到杀菌、消毒、除虫卵、灭杂草的目的。(2) 加强苗床管理：苗床的肥料要充分腐熟，撒施均匀；浇水量要适中，防止过湿。要注意通风、排水，降低湿度；要培育壮苗，以提高幼苗抗病能力；当苗床上发现少数病苗时，应立即挖除，移出苗床，妥善处理。(3) 药剂防治：烟苗大十字期后可喷施1 ∶ 1 ∶ (160 ~ 200) 波尔多液进行保护，每7 ~ 10 d喷一次。发病后可选用58%甲霜·锰锌可湿性粉剂600 ~ 800倍液浇灌。

03 烟草立枯病

烟草立枯病于1904年在美国烟区首次被发现，目前所有产烟国家都有分布，我国各烟区均有发生。2007年Tarantino等报道由立枯丝核菌引起的烟草病害已上升为世界烟草上的重要病害之一，且该病的危害正逐年加重，由烟草立枯病导致的烟叶损失可达15%。

【症状】幼苗发病部位为茎基部，初在表面形成褐色斑点，逐渐扩大到环绕茎部，病部变细，病苗干枯甚至倒伏。在高湿的情况下也能引起烟苗大面积死亡。此病的显著特征是接近地面的茎基部呈显著的凹陷收缩状，病部及周围土壤上常有蜘蛛网状菌丝黏附，有时在重病株旁可找到黑褐色菌核。大田期，受害烟株茎基部初为褐色下陷病斑，随后病斑逐步扩展至环绕整个茎围，并不断向茎秆上部及根部扩展。后期病株不倒伏；根部变黑，表皮腐烂脱落，保湿后密生灰色、蛛丝状的菌丝；病茎髓部干缩呈褐色碟片状，木质部变脆而易折断；叶片自下而上黄化枯死。

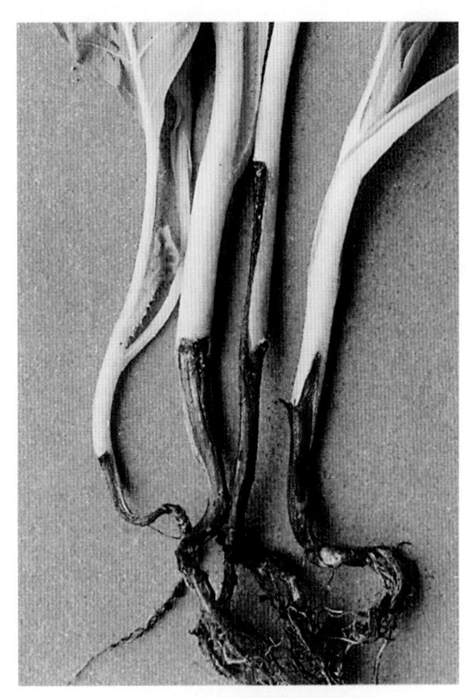

烟草立枯病苗期症状

【病原】病原是立枯丝核菌（*Rhizoctonia solani* Kühn），属半知菌亚门无孢目丝核菌属。菌丝初无色，老熟后黄褐色，直径5 ~ 14 μm，分枝与母枝呈锐角，分枝基部缢缩，近分枝处有分隔，后期部分菌丝细胞膨大呈椭圆体至筒状；细胞多核。由菌丝体交织形成菌核，表生，初为白色，发育成熟时黄褐至暗褐色，扁球形，表面粗糙，大小为1.5 ~ 3.5 mm。病菌生长最适温度28 ~ 32℃，菌丝致死温度和时间为53℃、5 min，菌核致死温度55℃。综合广西、江苏、湖南、浙江等省份关于菌丝融合亲和现象的研究报道，立枯丝核菌可分为9个菌丝融合群（Anastomosis group, AG），引起广西烟草病害的*R. solani*主要属于AG-4 HG-I和AG-2-2 IIIB两个菌丝融合群。不同地区报道菌丝融合群差异较大，可能与地理条件、烟草品种及侵染部位有关。

该病菌寄主范围很广，可侵染水稻、玉米、甘蔗、大豆、花生、马唐、莎草等54科210种植物。

【发生规律】病菌主要以菌核在土壤中越冬，或以菌丝和菌核在病株、田间及其他寄主上越冬。初侵染来源主要是土壤中越冬的菌核，相对湿度增大，依附于植株基部的菌核萌发生成菌丝，直接通过气孔侵入，或穿透表皮细胞壁侵入。株间通风透光差，湿度过大，利于菌丝延伸扩展传播。28 ~ 32℃和97%以上的相对湿度时病害发生发展较快，

烟草立枯病大田期症状（谭海文提供）

烟草立枯病茎基部症状

连续雨天是病害明显发生或严重发生的必要条件之一。因此，若降水多湿度大，则发展快危害重，烟稻轮作区比旱地烟田发病重。

【防治方法】该病应采取以农业防治为基础，减少病菌初侵染来源，加强肥水管理，及时施药防治的综合防治措施。(1) 减少菌核残留量，铲除田边杂草。加强苗床管理，苗床应通风透光。(2) 施足基肥，以有机肥作底肥，起高垄种植，深挖排水沟。(3) 田间发现零

烟草立枯病茎基部蛛丝网状的菌丝体
（谭海文提供）

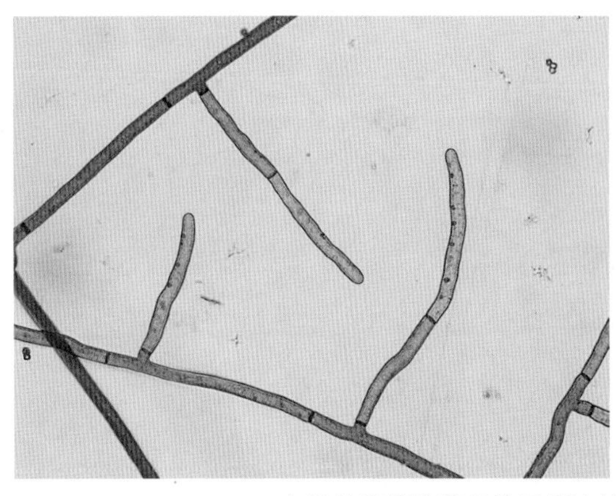
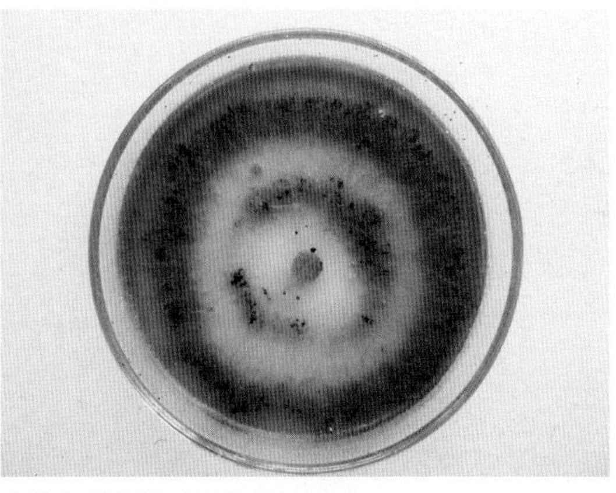

立枯丝核菌的菌丝体及PDA培养基上的菌落（谭海文提供）

星病株时及时施药防治，可选用70%甲基硫菌灵可湿性粉剂1 000倍液、10%井冈霉素水剂600倍液或40%菌核净可湿性粉剂500倍液等。

04 烟草黑胫病

黑胫病又称“腰烂病”，是世界烟草生产上最具有毁灭性的病害之一，目前在我国除黑龙江以外的各烟区均有发生，发生较重的省份有云南、贵州、四川、河南、山东、湖南、湖北和重庆等。

【症状】黑胫病在苗期很少发生，主要对大田期烟株产生危害。苗期受害呈猝倒状。旺长期烟株发病时，茎秆上无明显症状，而茎基部出现缢缩的黑色坏死斑，根系变黑死亡，导致叶片迅速凋萎、变黄下垂，呈穿大褂状，严重时全株死亡。黑胫为此病的典型

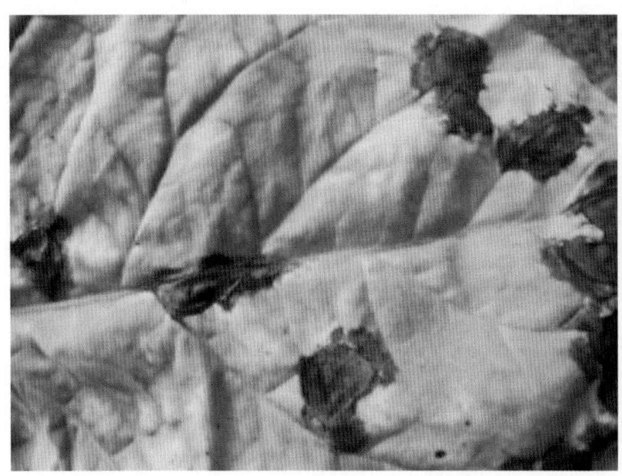

烟草黑胫病叶片上的病斑

烟草黑胫病茎基部及根系坏死症状

症状，病菌从茎基部侵染并迅速横向和纵向扩展，可达烟茎1/3以上，纵剖病茎，可见髓干缩呈褐色碟片状，其间有白色菌丝。在多雨潮湿季节，孢子通过雨水飞溅可以从茎秆伤口处侵入，形成茎斑，使茎易从病斑处折断形成“腰烂”；孢子飞溅到下部叶片侵染，则形成直径4 ~ 5 cm的坏死斑，又称“猪屎斑”。

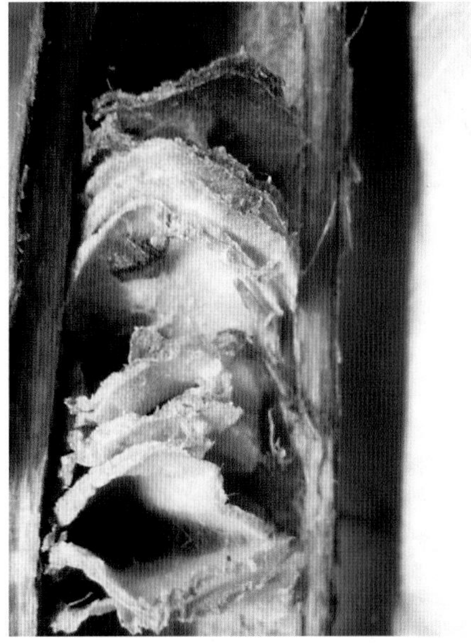

烟草黑胫病髓部碟片症状及菌丝体

烟草黑胫病整株萎蔫及枯死症状

烟草黑胫病“腰烂”症状

【病原】病原菌是*Phytophthora parasitica* var. *nicotianae*（Breda de Hean）Tuker，属卵菌疫霉属。

【发生规律】烟草黑胫病菌主要以休眠菌丝体和厚垣孢子在病株残体、土壤和粪肥中越冬。

苗床期初侵染源主要是带菌的土杂肥及灌溉水等，尚未发现种子带菌现象。大田初侵染源主要是带菌土壤和被病菌污染的土杂肥，其次是带病烟苗和流经病田的灌溉水或雨水。在田间，烟草黑胫病菌一般是通过流水进行传播。水流经被污染的土壤和病烟田，该菌的孢子囊和游动孢子即可顺水传播到所流经的田块，使病害逐步蔓延扩大。风雨亦可将病土、病株上的孢子囊、游动孢子传到临近烟株，导致叶片或茎部受害；此外，人、畜、农具等在潮湿病土上经过，可以携带病菌，将病菌从一块田传到其他田中，甚至较远距离传播。

影响黑胫病流行的主要因素是降水，其次是温度，在温度适宜的条件下，多雨高湿有利于病害发生，土壤类型、耕作制度等也有较大作用。一般来说，黏重、低洼、排水

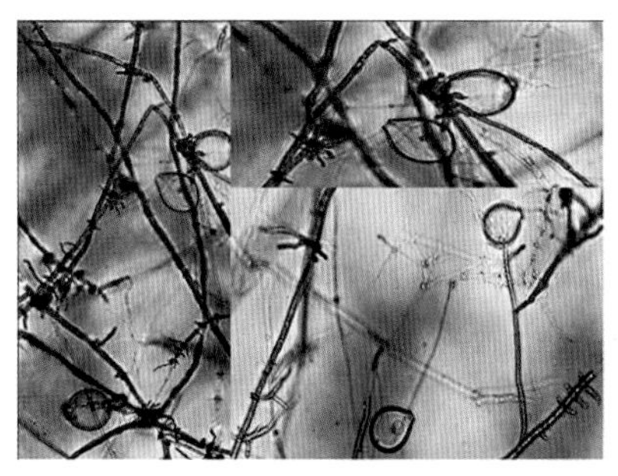
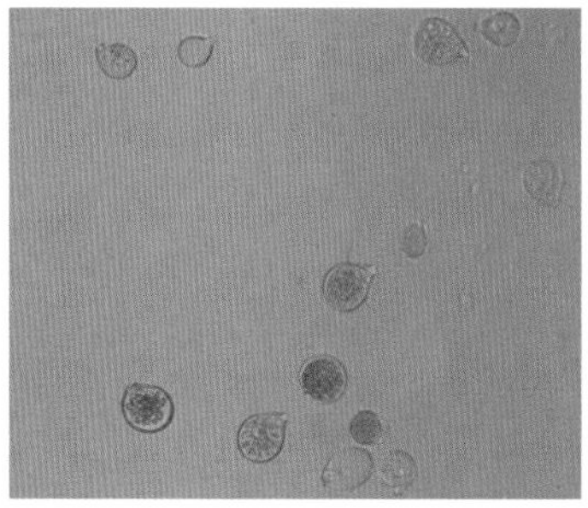
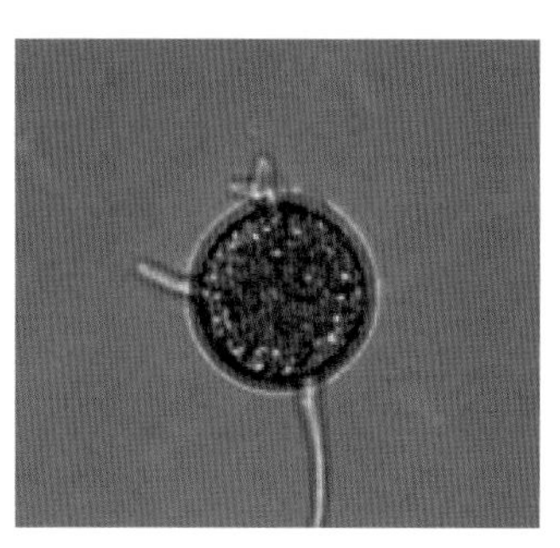

烟草黑胫病菌菌丝（左）、孢子囊（中）及厚垣孢子（右）

差的地块病重，而沙质土壤排水良好则病害较轻，土壤有机质含量对发病率无明显影响。在土壤pH适宜于烟草生长的条件下，pH对烟草黑胫病发病程度无显著影响。

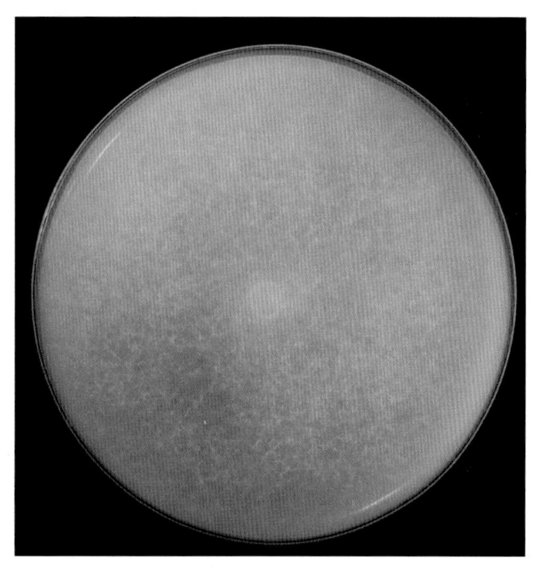

烟草黑胫病菌培养形态

【防治方法】（1）种植抗病品种：目前生产上推广的大多数国内外品种，如中烟100、K326、K346、K394、NC82、RG11、RG17等都是较抗黑胫病的品种，可根据实际需要选用。（2）农业防治，实行轮作：间隔2年或3年栽烟，有条件的地方可以实行水旱轮作。适时早栽，使烟株感病阶段避过高温多雨季节。采用高垄栽烟，可防止田间过水、积水。（3）药剂防治：播种后2 ~ 3 d或烟苗零星发病时，用药剂喷洒苗床进行防治，连续1 ~ 2次；在移栽时或还苗后施药1次；发现黑胫病零星发生时进行施药，以后每隔7 ~ 10 d施用1次，连续用药2 ~ 3次，基本上可以控制该病的危害。施药方法是向茎基部及其土表浇灌。目前常用杀菌剂有25%甲霜·霜霉威可湿性粉剂600 ~ 800倍液、58%甲霜·锰锌可湿性粉剂600 ~ 800倍液、80%烯酰吗啉可湿性粉剂1 250 ~ 1 500倍液、72.2%霜霉威盐酸盐水剂1 000倍液等。

05 烟草根黑腐病

烟草根黑腐病是世界性的烟草病害，在美国、加拿大、日本等国均有发生。该病也是我国烟草主要根部病害之一，在山东、河南、安徽、云南、湖北、湖南、重庆、陕西、四川、福建、吉林、贵州和甘肃等省份均有不同程度发生。

【症状】该病俗称烂根、黑根等，从烟草幼苗期至成株期均可发生，主要发生在烟株根部，因发病根部组织呈特异性黑色坏死而导致烟苗死亡或地上部分生长不良。幼苗很小时，病菌从土表茎部侵入，病斑环绕茎部，向上侵入子叶，向下侵入根系，使整株腐烂呈现“猝倒”症状；较大的幼苗感病后，根尖和新生的小根系变黑腐烂，大根系上呈现黑斑，病部粗糙，严重时腐烂。病苗移栽至大田后生长缓慢，植株矮化，中下部叶片变黄、易萎蔫，可在病部上方培土处新生大量不定根，而使其后期恢复生长。

烟草根黑腐病幼苗症状

烟草根黑腐病大田期症状

烟草根黑腐病根部症状

【病原】病原菌是根串珠霉[*Thielaviopsis basicola*（Berk. et Br.）Ferr.]，属半知菌根串珠霉属（*Thielaviopsis*）。

尚未见根串珠霉有性世代的报道，无性繁殖可产生两种类型的孢子，一种是产孢瓶梗内生的分生孢子，亦称瓶梗孢子，单细胞、圆柱形或偶尔桶形、两端平截或钝、透明、半透明或淡褐色，成熟后依次排出，大小（7.5 ~ 30.0）μm×（3.0 ~ 5.0）μm，平均为19.0 μm×4.2 μm；另一种是厚垣孢子，通常由5 ~ 7个孢子串生于孢子梗顶端或侧面，基部1 ~ 2个孢子无色，其余为褐色，壁厚、光滑，最后可断裂成单个，除顶孢子上部钝圆，其余孢子圆柱形，两端平截，大小为（6.5 ~ 14.0）μm×（9.0 ~ 13.0）μm，平均为10μm×11μm，单个厚垣孢子通常在一端产生一横裂，伸出芽管。

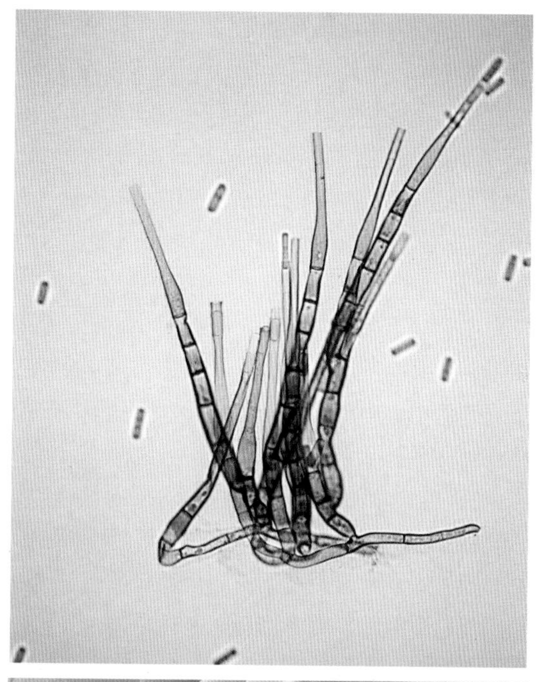

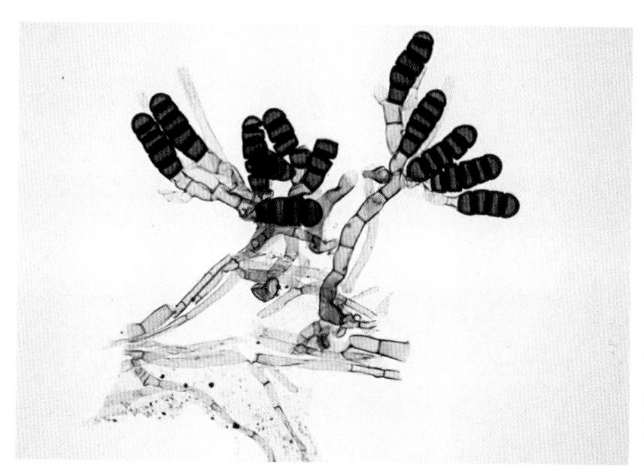

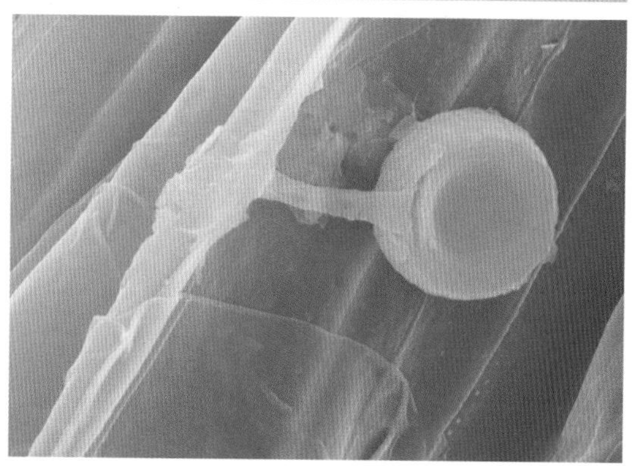

烟草根黑腐病内生分生孢子（梗）、厚垣孢子（梗）和厚垣孢子萌发

【发生规律】根黑腐病是土传病害，主要以厚垣孢子和内生分生孢子在土壤、病残体和粪肥中越冬，成为第二年初侵染源，田间发病最适宜温度在17 ~ 23℃，土壤湿度大，尤其接近饱和点时易发病，土壤pH≤5.6时极少发病。

【防治方法】配合栽培措施、生物防治和药剂防治等措施，可有效地控制病害发生。（1）选用抗病品种，NC系列、白肋烟、贵烟4号和秦烟96较抗根黑腐病。（2）采用高垄栽培，施用腐熟的有机肥，适当控制土壤的发病条件，如土壤温湿度、pH以及土壤菌量等。（3）药剂防治可在烟苗移栽时土穴施药，发病初亦可喷施70%甲基硫菌灵可湿性粉剂800 ~ 1 000倍液。

06 烟草枯萎病

烟草枯萎病，又称镰孢菌萎蔫病，在世界各产烟区均有发生。虽然其危害性并不十分引人注意，但在部分国家（如南非）或部分地区（如美国北卡罗来纳州）曾有过严重发生和危害的报道。该病在我国湖南、湖北、河南、福建、陕西、辽宁、吉林、黑龙江、云南及台湾等地的局部地区有发生，但发生普遍较轻。目前关于烟草枯萎病的报道较少。

【症状】该病的典型症状是植株一侧的叶片逐渐表现出黄化和干枯。植株从幼苗期即可受害表现症状，常表现一侧叶片变小，叶片褪绿至黄化或青铜色；由于叶片生长不均衡，叶片中脉弯曲，常使植株顶端向发病一侧倾斜或弯曲；若扒开发病一侧茎的韧皮部，可见木质部变褐色或黑色，维管束同样坏死变成褐色或黑色。病菌常从一条根系或一侧根系侵染发生，并向地上相应一侧扩展，在一侧叶片表现症状。解剖发病根系和叶片中脉的横截面可见维管束变色。发病植株茎部常表现为干腐，不同于细菌引起的湿腐或黏腐。在枯萎病发生严重时可使植株明显矮化甚至死亡。如果在显微镜下观察变色导管组织或发病组织，可见病菌菌丝和分生孢子，再结合木质部褐变症状，即可确定为该病。

烟草枯萎病症状

【病原】病原菌是尖镰孢烟草专化型[*Fusarium oxysporum* Schlechtdl. ex Snyder et Hansen f. sp. *nicotianae*（J. Johnson）Snyder et Hansen]，为子囊菌无性型。病菌在酸性培养基上生长的菌落常呈白色、粉色、淡紫色或玫瑰色，在碱性培养基上呈紫色或蓝色。具分生孢子座，上生分生孢子梗，呈轮状分枝，短小，上生分生孢子。产孢方式为单瓶梗。病菌产生大、小两种类型的分生孢子。小型分生孢子单胞，无色，卵形、椭圆形或肾形，大小（5 ~ 12）μm×（2.5 ~ 3.0）μm，多生于气生菌丝上，呈假头状。大型分生孢子3 ~ 5个隔膜，多数3个隔膜，直至微弯，镰刀形，无色，大小（40 ~ 50）μm×（2 ~ 4.5）μm。厚垣孢子光滑或粗糙，球形，1或2个细胞，生于菌丝末端或中间。未见有性阶段。

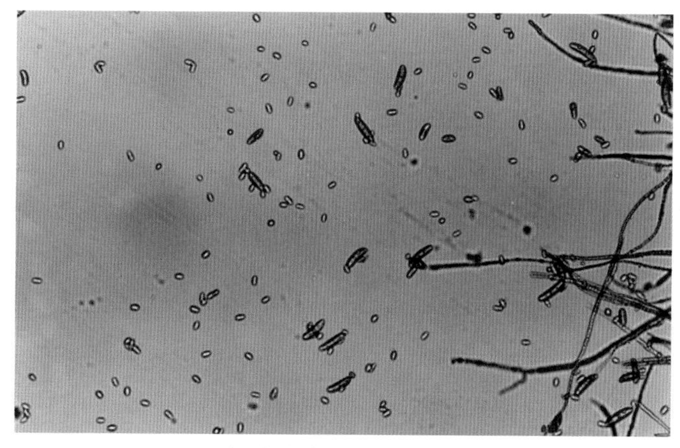

烟草枯萎病菌分生孢子

【发生规律】枯萎病菌为土壤习居菌，以厚垣孢子形式在土壤中越冬存活，厚垣孢子在土壤中可存活长达10年。随着烟草植株根系的发育和根系分泌物的增多，厚垣孢子开始萌发，遇伤口则侵入根系，在木质部导管中繁殖形成大量菌丝体，由于其酶解作用而使受侵害的导管组织变褐。在发病条件下，病菌侵染10 d后植株即可表现症状。发病植株叶片含糖量下降，但树脂和蜡质增加，使烟叶质量下降。该病为喜温病害，在28 ~ 31℃条件下为害严重，而在冷凉条件下发病和为害较轻。沙壤土利于发病。干旱或缺水虽然可显著抑制植株长势，但也可降低病害发生程度。根结线虫和胞囊线虫为害造成的根系伤口或干扰植株生理代谢也利于枯萎病发生。该病菌在田间借雨水或流水、土壤及病苗调运等进行传播。

【防治方法】（1）种植抗病品种是防治该病的最有效措施，但生产上缺少高抗品种；较抗病的品种有G28、G140、Coker 176、Coker 319、NC82、NC95、NC628、Burley 11A、Burley 11B、Burley 49、Ky14等。（2）烤烟不应与甘薯进行轮作。（3）发病初期用70%甲基硫菌灵可湿性粉剂800 ~ 1 000倍液灌根。

07 烟草镰刀菌根腐病

烟草镰刀菌根腐病是一种具有潜在危害性的根部病害。在云南、贵州、山东、河南、福建和安徽等省份均有发生，常见于烟草生长后期，一般病株率为3% ~ 5%，常与烟草青枯病、黑胫病和根黑腐病混合发生。

【症状】该病主要发生于大田期，漂浮育苗条件下，苗期一般不易发病。大田期发病典型症状表现为幼苗受害后萎蔫倒伏死亡，叶片皱缩变褐，基部软腐状，潮湿条件下有粉红色霉状物。大田病株比健株显著矮小，色黄，生长慢，茎秆纤细。病重植株上部枯死，根部腐烂。拔起病株，可见根系明显减少，根系皮层极易破碎脱落，仅剩木质部，且明显变黑，并伴有粉红色、紫色等，潮湿时可见有白色至粉红色霉层。接近地表部分，常出现新生根，易与黑胫病混淆。

烟草镰刀菌根腐病田间症状

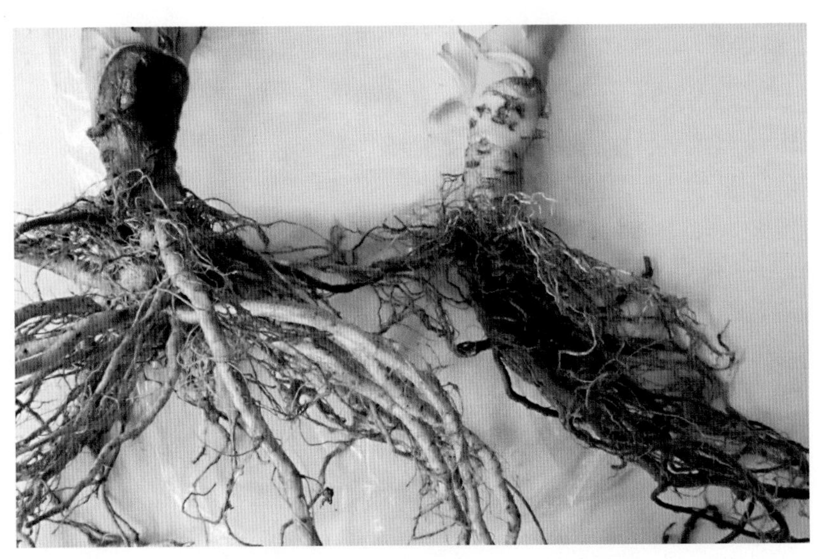

镰刀菌根腐病（右）与黑胫病（左）根部症状

【病原】镰刀菌属（*Fusarium* spp.）的多种病原菌可引起危害，其中以茄镰孢 [*F. solani*（Martius.）App. et Wr.] 和尖镰孢（*F. oxysporum*）为主。

茄镰孢菌株在马铃薯葡萄糖（PDA）培养基上气生菌丝生长旺盛且产生紫色色素。能产生大型分生孢子、小型分生孢子及厚垣孢子。大孢子呈月牙形，稍弯，向两端比较均匀的变尖，3 ~ 5个分隔，多为3个分隔，大小为（22.1 ~ 32.3）μm×（5.1 ~ 6.8）μm；

小孢子呈卵形或椭圆形，0 ~ 1个分隔；厚垣孢子球形，单生或串生。尖镰孢在PDA培养基上气生菌丝生长旺盛，白色，分生孢子座淡红色。大型分生孢子多为3个分隔，也有4或5个分隔，细长且顶细胞逐渐狭窄，大小为（33.18 ~ 48.94）μm×（3 ~ 6.5）μm；小型分生孢子多为单胞，卵形或纺锤形，大小为9 μm×3 μm，数量大；厚垣孢子顶生或间生，直径6 ~ 10.2 μm。

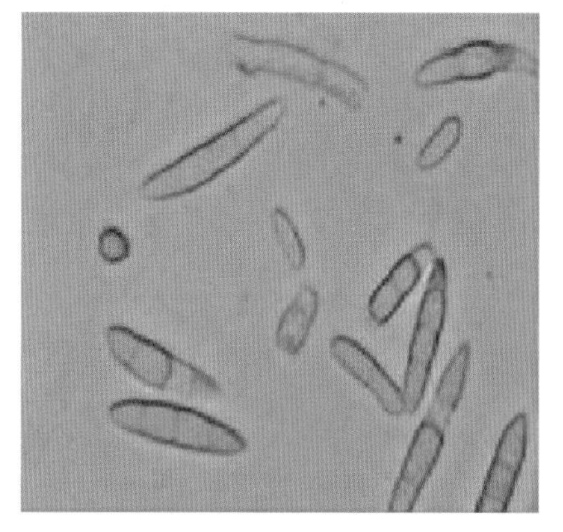

尖镰孢大、小型分生孢子

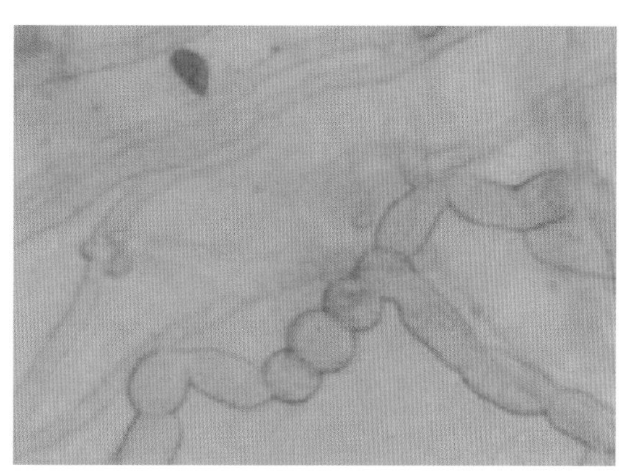

尖镰孢厚垣孢子

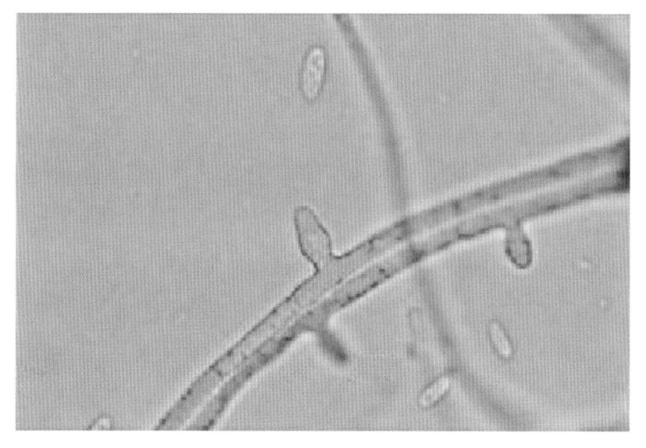

茄镰孢小型分生孢子与产孢细胞

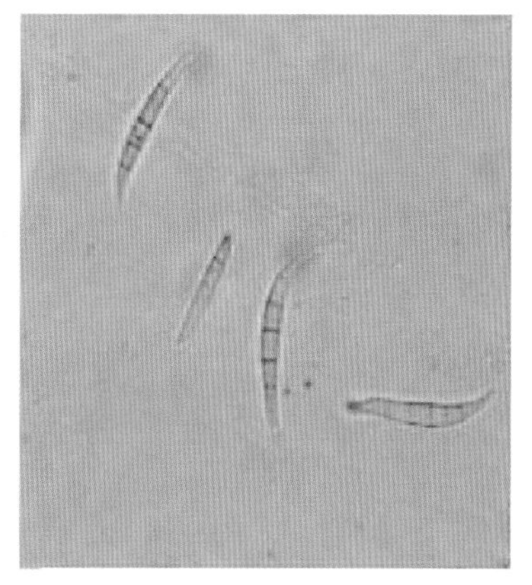

茄镰孢大型分生孢子

【发生规律】该菌以休眠菌丝体和分生孢子在土壤和病残体上越冬，成为翌年的初侵染源，主要通过风雨、病残体、农事操作等传播方式进行再侵染。镰刀菌产孢能力很强，传播途径很多，除土传外还可以通过空气传播，侵染植物维管束系统，破坏植物的输导组织。

该病的发生与流行取决于寄主的抗病性、土壤环境、气候条件及栽培管理等因素。不同的烟草品种抗病性差异很大，种植感病品种是病害流行的重要因素之一，红花大金元、云烟97等易感病。烟田连作一般发病重；地势低，易积水的黏质土发病较重，沙质土壤发病较轻；高温多雨有利于病害的发生流行。

【防治方法】(1) 选用抗（耐）病品种：如K346、RG11、毕纳1号等。(2) 农业防治：于发病初期及时拔除病株并深埋，及时中耕除草，注意排灌结合，降低田间湿度；推广高起垄、高培土技术；有条件的区域实行轮作，与禾本科作物轮作3年以上或水旱轮作。(3) 药剂防治：烟苗移栽后10 d内，可轮换选用58%甲霜·锰锌可湿性粉剂800倍液、50%烯酰吗啉可湿性粉剂1 500倍液、48%霜霉·络氨铜水剂1 500倍液、722 g/L霜霉威盐酸盐水剂900倍液灌根，每隔7 ~ 10 d施用1次，连续2 ~ 3次。

08 烟草低头黑病

烟草低头黑病俗称“勾头黑”“半边烂”“偏枯病”等，最早于1953年在山东潍坊地区发现，2010年以来调查发现，在河南豫中、豫南烟区也时有发生，危害面积不大，但一旦染病，绝大部分病株均会枯萎死亡。

【症状】幼苗在2 ~ 3片真叶时即可发病，主要危害地上部分。大田期烟株发病时，初期茎部出现小黑斑，并逐渐向上向下扩展形成条状斑，沿茎的一侧逐渐向上蔓延至顶芽，由于受害一侧枯萎，顶芽逐渐向下弯曲，最终全株枯萎死亡。后期病部干枯的部位会产生小黑点，即病原菌的分生孢子盘，小黑点逐渐增多并密集排列呈椭圆形。

烟草低头黑病大田症状

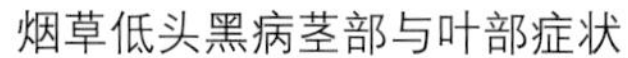

烟草低头黑病茎部与叶部症状

烟草低头黑病茎部病斑

【病原】病原菌是辣椒炭疽菌[*Colletotrichum capsici*（Syd.）Butler et Bisby]。在马铃薯葡萄糖琼脂培养基（PDA）上，菌落圆形，边缘整齐，菌丝生长密实，正面初呈白色、黄色或灰色，逐渐变为灰白色，绒毛状，背面褐色。后期出现散生小黑点，并逐渐增多，以接种点为中心呈轮纹状与辐射状排列。菌丝发达，多分枝，分隔，老熟菌丝形成厚壁孢子。分生孢子盘圆形或椭圆形，直径为56.8 ~ 149.6 μm；刚毛深褐色，直立，散生于分生孢子盘中，3 ~ 5个分隔，末端渐细，大小为（41.3 ~ 221.9）μm×（2.6 ~ 7.7）μm；分生孢子梗无色，圆柱形或棒状，密集栅栏状排列；分生孢子无色，单胞，新月形，内含油球，大小为（16.1 ~ 28.4）μm×（3.6 ~ 5.8）μm。

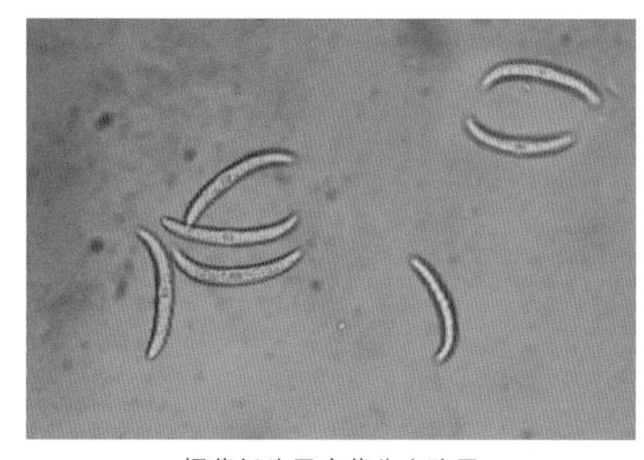

烟草低头黑病菌分生孢子

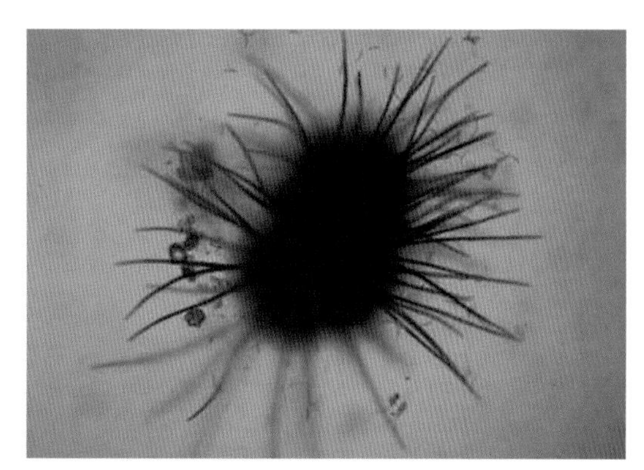

烟草低头黑病菌分生孢子盘

【发生规律】病菌以菌丝在土壤或病残体上越冬，可存活3年以上，是主要的初侵染源，带菌的有机肥和病苗也是重要的初侵染源。连作地块容易发病，田间湿度大、土壤黏重、地势低洼、排水不良的地块发病重。适宜条件下，可产生大量的分生孢子，随风雨和流水传播，在农事操作时，人、畜和农具等黏附的病土也可以传播。多雨、高湿及较高的温度有利于病害发生，特别是暴风雨后伴随较高的温度，往往会出现一次发病高峰。

【防治方法】(1) 选用抗病品种：除个别品种外，抗黑胫病或耐黑胫病的品种都能兼抗低头黑病，如K326、K346、G80和中烟14等。(2) 农业防治：重病区可采用与小麦、玉米、水稻、高粱等禾本科作物进行2～3年轮作，避免与马铃薯等茄科作物及其他蔬菜作物轮作。(3) 培育无病壮苗：不从病区调运烟苗，苗床土、漂浮育苗基质消毒。(4) 加强田间管理：推广高起垄、高培土技术，烟田要求平整，防止积水，及时拔除病株和摘除病叶，并集中销毁。(5) 药剂防治：移栽时，每667 m^2穴施70%甲基硫菌灵可湿性粉剂0.5 kg，后期根据发病情况喷施70%甲基硫菌灵可湿性粉剂1 000倍液进行防治。

09 烟草白绢病

烟草白绢病又称根白腐病、南方疫病。常发生在温带和热带，美国、印度尼西亚、菲律宾、日本和非洲均有发生，中国已在贵州、湖南、湖北、广东、广西、福建、安徽和山东等烟区发现。一般在田间零星发生，其危害尚不严重。

【症状】主要发生在大田后期，发病部位在成熟烟株接近地面的茎基部。受害部位初期呈褐色下陷斑痕，逐渐环绕茎部，病斑产生白色菌丝，后形成油菜籽状菌核，菌核初为白色，后变成黄色至茶褐色。随着病情发展，病株自下而上叶片变黄萎蔫至枯死。湿度大时，病部易腐烂，病株倒伏枯死。病株根部一般不腐烂。

烟草白绢病整株症状

【病原】病原菌是齐整小核菌（*Sclerotium rolfsii* Sacc.），属半知菌亚门丝孢纲无孢目小菌核属。菌丝白色至灰白色。菌核多球形，表面平滑，初为白色，后变茶褐色。有性世代属担子菌亚门薄膜革菌属。

烟草白绢病病株基部菌核及菌丝

烟草白绢病菌核与菌丝

【发生规律】病菌以菌核及菌丝在土壤中越冬，次年在适宜的条件下，菌丝或菌核萌发产生的菌丝侵染烟株形成初侵染。菌核在干燥的土壤中可存活10年以上。病菌可通过病土、病株残体、各种作物种子中的菌核、农家肥料以及流水传播。田间病株产生的菌丝以及病株与健株的相互接触都可以引起再侵染。

病害发生的最适宜温度为30 ～ 35℃，病害的发生程度随温度的降低而减轻，15℃以下病害极少发生；土壤含水量高有利于病害的发展；烟株种植过密，通风透光不良有利于病害的发生；沙土地病害发生重。

【防治方法】采用以轮作为主的综合防治措施。(1) 旱地种烟可实行3 ～ 5年轮作，最好与禾本科作物轮作；烟稻轮作是减少病害发生的有效措施。(2) 使用土壤熏蒸剂熏蒸土壤并暴晒，清除病残体。(3) 用50%甲基硫菌灵可湿性粉剂1 000倍液浇灌根部，可抑制病害的蔓延。(4) 烟草生长中后期，田间追施草木灰，必要时在烟株基部撒施草木灰。(5) 用麦麸培养木霉菌施于烟株周围。

10 烟草菌核病

烟草菌核病又称菌核疫病、白霉病。全国大部分烟区均有分布，但发生较轻。烟草菌核病为害幼苗和成株的茎、叶、蒴果等。

【症状】受害烟苗茎基部呈现褐色圆形凹陷斑，湿度大时，病斑迅速扩展导致整株幼苗呈水渍状腐烂。成熟期病害在茎基部或茎秆上发生，受害烟株先由叶柄处发病，病斑浅褐色，向上下左右扩展，颜色亦变为淡褐色至黄白色。当病斑合围时，叶片凋萎，湿度大时叶片上形成白色菌丝，继而形成菌核。发病后期茎部病斑凹陷，外部伴有菌核形成，髓部中空易折断，空茎内形成更多菌核。

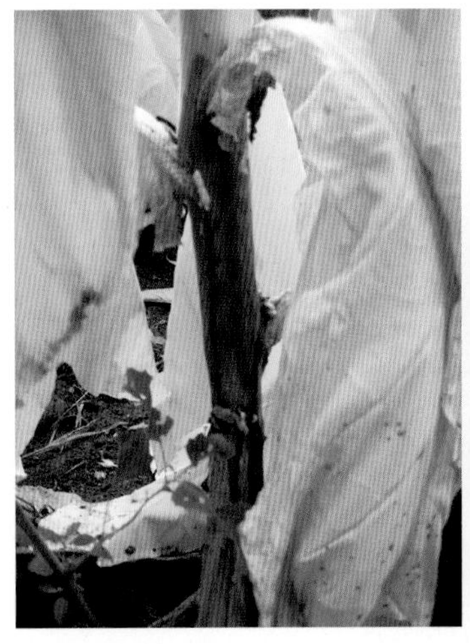

烟草菌核病症状

【病原】病原菌是核盘菌［*Sclerotinia sclerotiorum*（Lib）. de Bary］，属子囊菌亚门核盘菌属。病菌产生黑色、坚硬、老鼠粪状菌核。菌核可产生子囊盘，淡褐色，直径2 ~ 20 mm。子囊棍棒状，无色，内含8个子囊孢子，子囊大小为（81.0 ~ 252.2）μm×（4.3 ~ 22.4）μm。子囊孢子单胞、无色、椭圆形，大小为12.5 μm×4.9 μm。菌核产生子囊盘的最适温度是10 ~ 15℃，且需要光照和较高的湿度。子囊孢子萌发的温

烟草菌核病叶片及茎秆内的菌核

度范围为5 ～ 30℃，最适温度为20 ～ 25℃，5 ～ 10℃时的萌发率最高。菌丝白色，有隔膜，形如棉絮状。病菌菌丝生长温度为5 ～ 31℃，适宜温度为15 ～ 23℃，最适温度为23℃ ；菌核萌发产生菌丝的温度为10 ～ 31℃，适宜温度为15 ～ 29℃。病菌子囊在9 ～ 16℃时生长最多最快。

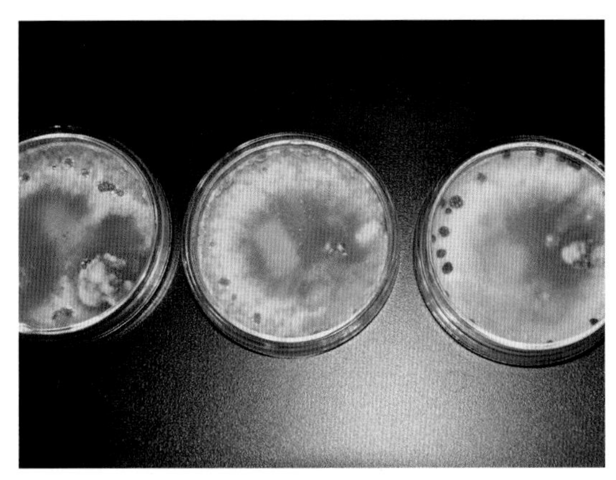

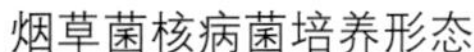
烟草菌核病菌培养形态

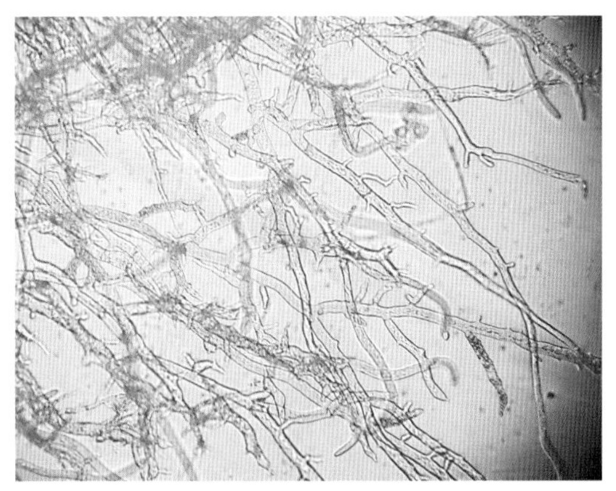

烟草菌核病菌菌丝

【发生规律】病菌以菌核在病残体和土壤中越冬，菌核在干燥的土壤中不易萌发，其生存活力一般可维持7 ～ 8年，在潮湿的土壤中仅能存活1年。发病适宜温度为5 ～ 20℃。子囊孢子和土壤中的菌核萌发生成的菌丝是重要的初侵染源，一般很少有再侵染。由于病菌可以侵染很多种作物，因而前茬如为向日葵、大豆或土壤里含有很多菌核则发病严重。7 ～ 8月降水多，种植较密的地块易发病。

【防治方法】(1) 农业防治：与禾本科作物2 ～ 3年轮作，勿与向日葵、大豆、蔬菜等容易发病的作物进行轮作。适时早栽，高垄种植。晴天打顶和采收，及时采摘下部叶片。(2) 加强田间管理：秋天清除病残体，及时拔除病株集中处理，在病株周围撒施草木灰、石灰粉（4 ： 1）或硫黄、石灰粉[1 ： （20 ～ 30）]。(3) 药剂防治：发病初期可喷施40%菌核净可湿性粉剂400 ～ 500倍液，7 ～ 10 d喷1次，连用2 ～ 3次。

11 烟草茎点病

烟草茎点病于1991年9月在吉林农业大学试验田中发生，是国内烟草上首次报道，目前仅在国内部分烟区零星发生。

【症状】在烟草生长中后期主要为害茎秆，茎部出现褐色病斑，形状不规则，一般为长椭圆形，后期扩展连片呈灰白色的斑驳状。多个病斑融合成长条状溃疡，有时扩展很长，甚至自顶部一直到茎基部，全部茎秆或半边茎秆呈褐色斑驳状溃疡。病斑略凹陷，密生小黑点为其分生孢子器。严重时茎枯，呈灰白色，叶片萎蔫枯死。

烟草茎点病症状

【病原】病原菌是茎点霉属茎点菌（*Phoma tabaci* Em.Sousa de Camara），属半知菌亚门，异名为*Phoma nicotianae* Yu et Hua。分生孢子器初埋生，后突破表皮，扁球形，黑褐色，散生，大小为（72.6 ～ 106.5）μm×(50.8 ～ 87.2) μm，器壁膜质。产孢为单胞，无色，不分枝，瓶梗式。分生孢子单孢，圆筒形，无色，内有1 ～ 3个油球，大小为(6.7 ～ 8.6) μm×(3.6 ～ 4.8) μm。在马铃薯葡萄糖培养基或燕麦培养基上3 d就可产生分生孢子器。

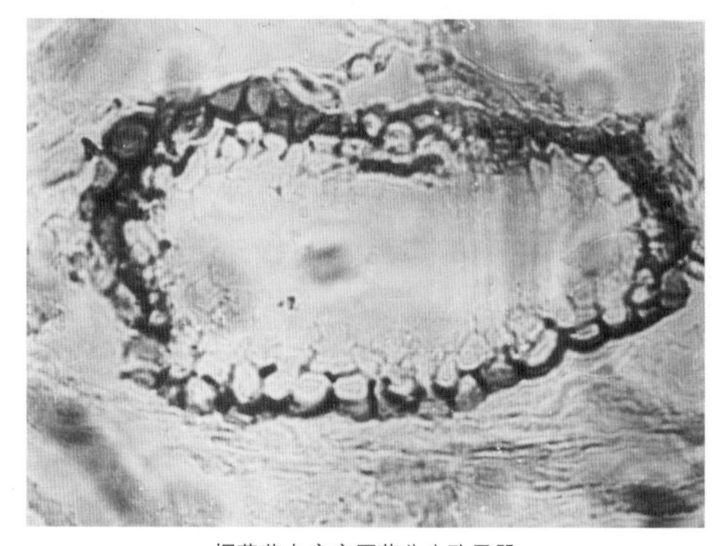

烟草茎点病病原菌分生孢子器

【发生规律】病菌在病残体上以分生孢子器和菌丝体越冬，翌年在适宜条件下，分生孢子即从分生孢子器孔口溢出并随风雨传播，因而重茬地或离病残体近的地块发病重。病害多在打顶、抹杈、采收后发生。病菌从伤口侵入，因而病斑先从打顶、抹杈、采叶的伤口处形成，逐渐扩大蔓延。病菌不侵害叶片但因茎变褐、组织干枯、水分与营养输送受到阻碍，导致叶片早衰、枯死。后期雨水多，发病加重，茎秆的伤口多容易发病。

【防治方法】(1) 轮作、深翻地清除并烧毁病残体。(2) 发病初期，喷施1 : 1 : 200波尔多液或70%代森锰锌可湿性粉剂500 ~ 800倍液进行预防。

12 烟草赤星病

烟草赤星病是烟草生长中、后期发生的一种叶部真菌性病害，是对烟草生产威胁最大的叶部病害。烟草赤星病在我国各烟区普遍发生，由于其流行具有间歇性和暴发性的特点，一般年份发病率为20% ~ 30%，严重时发病率达90%，减少产值达50%以上，对产量、质量影响较大。

【症状】烟草赤星病多发生于烟叶成熟期，主要危害叶片、茎秆、花梗、蒴果。赤星病先从烟株下部叶片开始发生，随着叶片的成熟，病斑自下而上逐步发展，最初在叶片上出现黄褐色圆形小斑点，后变成褐色。病斑的大小与湿度有关，湿度大则病斑大，干旱则病斑小，一般来说最初斑点直径不足0.1 cm，随着病斑逐渐扩大可达1 ~ 2 cm。病斑圆形或不规则圆形，褐色，有明显的同心轮纹，边缘明显，外围有淡黄色晕圈。湿度大时，病斑中心有深褐色或黑色霉状物。茎秆、蒴果上也会产生深褐色或黑色圆形、椭圆形凹陷病斑。

烟草赤星病叶部症状

烟草赤星病茎部症状

烤后烟叶赤星病症状

【病原】病原菌是半知菌亚门链格孢属真菌，目前鉴定的病原主要包括链格孢（*Alternaria alternata*）、长柄链格孢（*A. longipes*）和细极链格孢（*A. tenuissima*）、鸭梨链格孢（*A. yaliinficiens*）等。

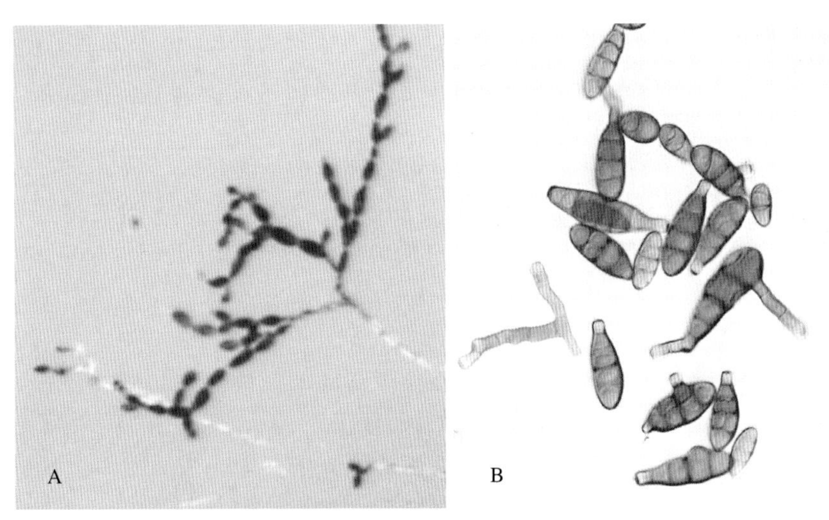

链格孢的产孢表型（A），分生孢子梗及分生孢子（B）

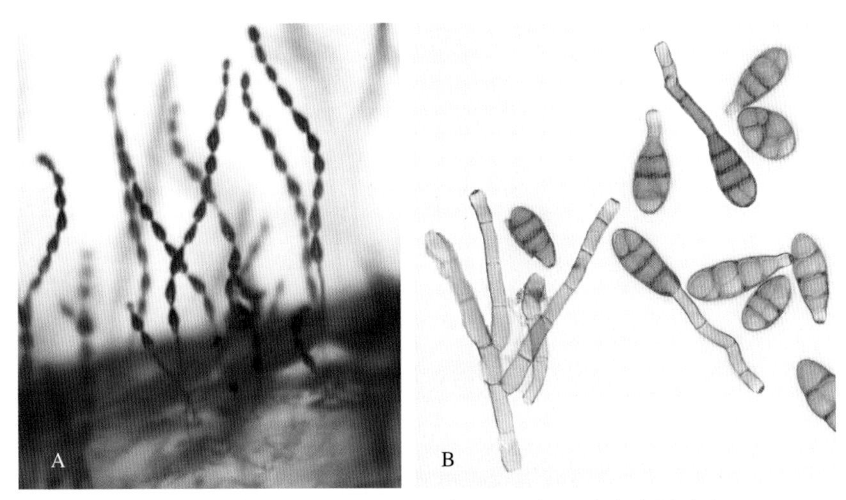

长柄链格孢的产孢表型（A），分生孢子梗及分生孢子（B）

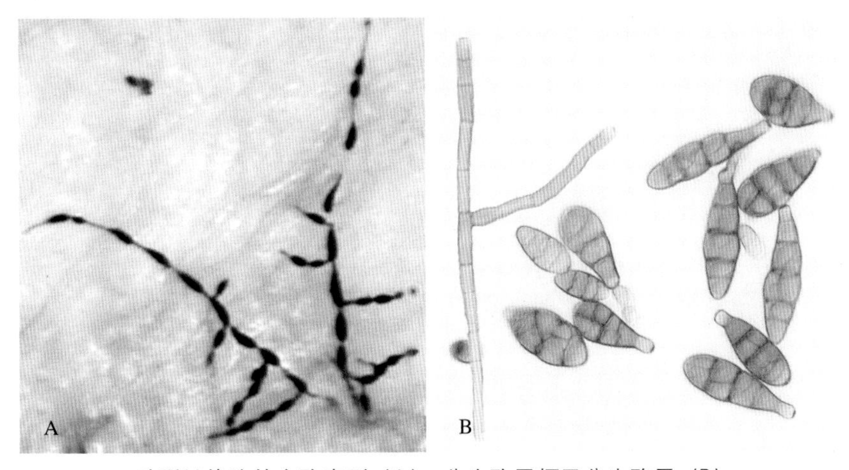

鸭梨链格孢的产孢表型（A），分生孢子梗及分生孢子（B）

菌丝无色透明，有分隔，直径3 ~ 6 μm。分生孢子梗浅褐色，单生或丛生，聚集成堆，形状多为直立，部分为屈膝状，合轴式延伸，上面有多个明显的孢痕，有1 ~ 3个横隔膜。分生孢子萌发初期的颜色较浅，成熟后变成浅褐色，呈卵圆形、椭圆形、倒棒槌状等，有1 ~ 7个横隔，1 ~ 3个纵隔，有时微弯曲，喙孢长短不等，在孢子链末端的分生孢子较小，椭圆形或豆形，只有一个分隔。分生孢子的形状、大小因菌龄和产生孢子时间长短不同有很大差异，文献报道的长度范围为66 ~ 100 μm，宽度范围为（3 ~ 20）μm，一般为（35 ~ 50）μm×（8 ~ 15）μm，分生孢子梗大小为（25 ~ 65）μm×（5 ~ 6）μm，喙孢长度为6 ~ 46 μm。

【发生规律】赤星病菌主要以菌丝在遗落于田间的烟叶等病株残体或杂草上越冬。病株残体上的分生孢子也可直接越冬，作为初侵染来源。越冬后的病原菌在温度达到7 ~ 8 ℃，相对湿度大于50%的条件下，开始产生分生孢子，由气流、风、雨传播到田间烟株上侵染下部叶片（初侵染），形成分散的多个发病中心。这些发病的烟株病斑上再产生分生孢子，又由风雨传播，形成再次侵染。经过多次再侵染，使病害逐渐扩展流行。雨日多、湿度大是病害流行的重要因素，移栽迟、晚熟、施氮过多及暴风雨后发病较重。

【防治方法】(1) 农业防治：种植抗病品种，合理轮作，适时早栽，控制氮肥，增施磷、钾肥，宽行窄株栽培，改善田间通风透光条件，注意田间卫生，及时采摘底脚叶。(2) 药剂防治：打顶前后可喷施1 ： 1 ： 200波尔多液进行预防，发病初期可选用40%菌核净可湿性粉剂500倍液、80%代森锰锌可湿性粉剂500倍液、50%氯溴异氰尿酸可溶粉剂1 000倍液等，发病初期全株均匀喷雾，隔7 ~ 10 d一次，防治2 ~ 3次。喷药后遇雨，雨后需补喷。药剂最好交替使用，以防产生抗药性。(3) 生物防治：可以选择10%多抗霉素可湿性粉剂1 000倍液、枯草芽孢杆菌、短小芽孢杆菌、丁香酚等生物源药剂进行辅助防治。

13 烟草白粉病

烟草白粉病俗称冬瓜灰、上灰、下霜、上硝、发白等，在我国主要烟区均有发生，云南、湖北、福建、广东、广西、贵州、重庆及陕西等省份时有暴发流行。

【症状】烟草苗期和大田期均可发生，主要危害叶片，严重时可危害茎秆。白粉病的主要症状是先从下部叶片发病，发病初期，在叶片正面呈现白色微小的粉斑，随后白色粉斑在叶片正面扩大，严重时白色粉层布满整个叶面。白粉病与霜霉病的主要症状区别是白粉病的霉层在叶片正面，颜色为白色，而霜霉病的霉层在叶片背面，颜色为灰蓝色。

【病原】病原是二孢白粉菌（*Erysiphe cichoracearum* DC.），属子囊菌亚门白粉菌目白粉菌科白粉菌属。二孢白粉菌形成椭圆、透明、单细胞粉孢子，粉孢子串生，着生在不分叉的粉孢子梗上，粉孢子大小为（20 ~ 50）μm×（12 ~ 24）μm，平均为31 μm×16 μm。

烟草白粉病叶部症状

子囊壳黑色圆形，无孔，但有弯曲的、不确定的附属丝，附属丝长度为80 ~ 140 μm。子囊壳内含4 ~ 25个（通常10 ~ 15个）卵形、微小短柄的子囊，大小为（58 ~ 90）μm×（30 ~ 35）μm，多数子囊中含有2个透明、单细胞的子囊孢子，大小为（20 ~ 28）μm×（12 ~ 20）μm，个别子囊含有3个子囊孢子。

2014年邢荷荷等报道奥隆特高氏白粉菌[*Golovinomyces orontii*（Castagne）V. P. Heluta]亦可侵染烟草引起白粉病。

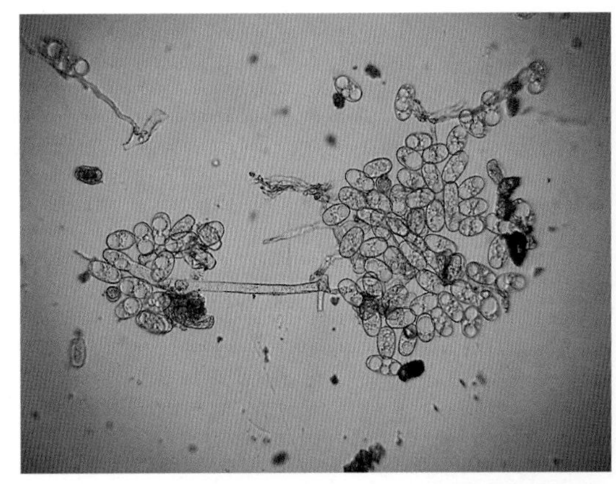
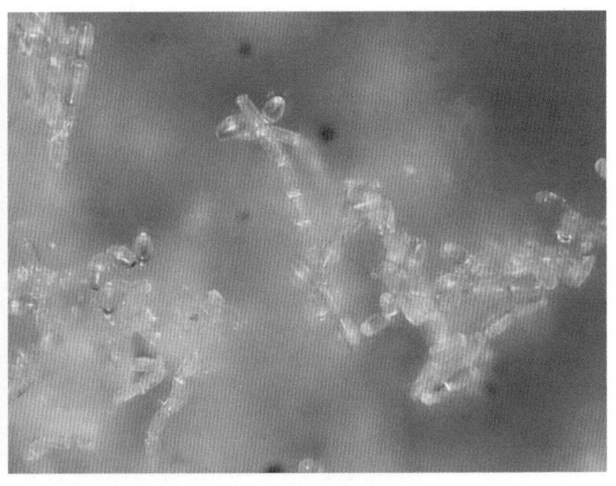

烟草白粉病菌粉孢子和粉孢子梗

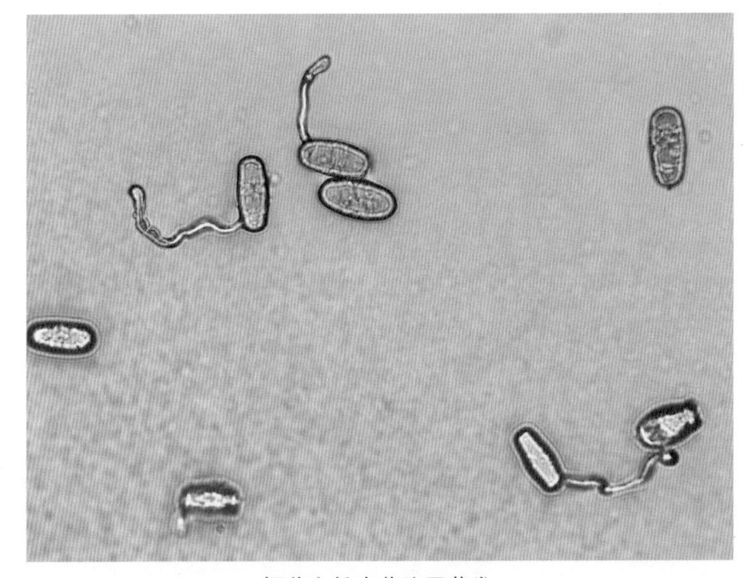

烟草白粉病菌孢子萌发

【发生规律】白粉病病菌在病株残体上以菌丝或子囊壳越冬，也可在其他寄主上越冬。此菌为外寄生菌，除吸器外，菌丝和分生孢子全部长在叶片表面，分生孢子极易飞散，主要借气流传播。在温暖潮湿，日照较少的条件下发生较重，最适侵染温度为16～23.6℃，相对湿度为73%～83%。高温高湿不利于白粉病的发生，大雨可减轻白粉病的发生程度。

【防治方法】控制烟草白粉病应采用综合防病措施，以种植抗病品种为主，加强农业防治和药剂防治。(1) 选用抗病品种：各类型烟草中都有抗白粉病的品种，晒烟抗白粉病品种有广红12、塘蓬等，烤烟抗白粉病品种有NC89、K346、吉烟9号等，雪茄烟抗白粉病品种有Beinhart1000-1。(2) 农业防治：适时早栽、及早摘除底脚叶、及时采烤等措施可以大大降低烟草白粉病的发生和危害；平衡施肥，增施磷、钾肥可提高烟株抗性；改进栽培措施，创造不利于烟草白粉病发生的条件也是重要防病措施。(3) 药剂防治：在发病初期开始喷药防治，以后根据病情发展，每隔7 ~ 10 d喷药一次，重点喷在中下部叶片上，可选用20%腈菌唑微乳剂，每667 m^2有效成分用量为4 ~ 5 g；30%己唑醇悬浮剂，每667 m^2有效成分用量为3.6 ~ 5.4 g；30%氟菌唑可湿性粉剂，每667 m^2有效成分用量为3 ~ 4.5 g。

14 烟草蛙眼病

烟草蛙眼病广泛分布于我国所有产烟省份，除东北三省、山东等地零星发生外，其他多数省份均有发生。一般发病率为10% ~ 30%，严重的达到90%以上。

【症状】该病主要危害叶片，多发生在大田生长后期。病斑一般最先发生在烟株下部老叶上，然后由下部叶向上部叶蔓延发展。初期病斑为水渍状暗绿色小点，逐渐扩展成圆形、多角形或不规则形褐斑，最后发展成褐色或灰白色、中央白色、有狭窄而带深褐色边缘的圆形病斑。在高湿条件下，病斑中部散生着由分生孢子梗和分生孢子构成的微小黑点或灰色霉层，似蛙眼，故称蛙眼病。病斑大小因品种和自然条件而不同，如在大黄金品种上，病斑较大，直径为0.3 ~ 1.2 cm；在香料烟沙姆逊上病斑较小，直径为0.3 ~ 0.5 cm。病斑遇暴风雨时常破裂穿孔，严重时多个病斑连成大的斑块，致使整叶干枯。

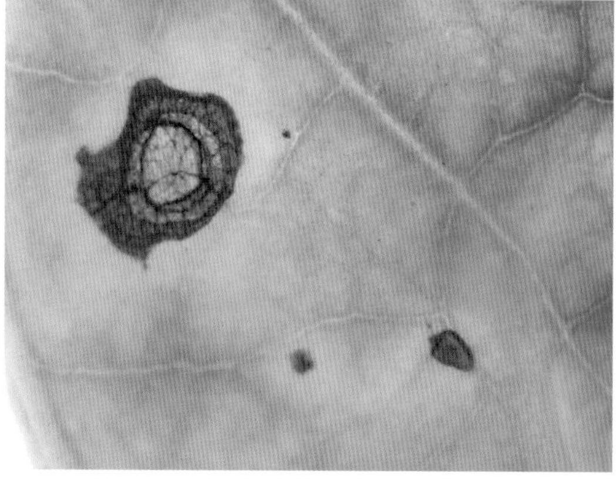

烟草蛙眼病叶片症状（右图为病斑放大）

【病原】病原菌是烟草尾孢菌（*Cercospora nicotianae* Ellis et Everhart），属于半知菌亚门尾孢属。分生孢子梗有分隔，不分枝，膝状弯曲，丛生在子座上，基部褐色，上部色淡。分生孢子顶生，细长鞭状，直或略弯曲，多分隔（无纵隔），无色，基部较粗大。不同来源的分生孢子梗和分生孢子大小差异很大。我国报道的分生孢子梗大小为 (35 ~ 80) μm × (3.5 ~ 5) μm，有1 ~ 3个隔膜。分生孢子大小为 (42 ~ 115) μm × (4 ~ 5) μm，有5 ~ 10个横隔。

【发生规律】病菌以菌丝体随病残体在土壤中越冬。翌年产生的分生孢子借风雨传播，引起发病，在一个生长季节，有多次再侵染。

病害的发生流行与寄主抗病性、气候条件和栽培条件密切相关。目前生产上种植的各种类型烟草无高抗品种，多数品种感病。高温多雨是该病流行的主要条件，病情发展速度往往取决于降水量和湿度，发病后若遇多雨高湿的气象条件，有利于病害蔓延扩展，甚至暴发成灾。种植密度过大，会导致病情加重；播期越晚发病越重。

【防治方法】(1) 农业防治：早育苗、早移栽，合理密植，合理施肥，适时采收，及时清除病残体并集中烧毁。(2) 药剂防治：70%代森锌可湿性粉剂或70%代森锰锌可湿性粉剂500倍液，间隔7 ~ 10 d喷施1次，根据病情连喷2 ~ 3次。

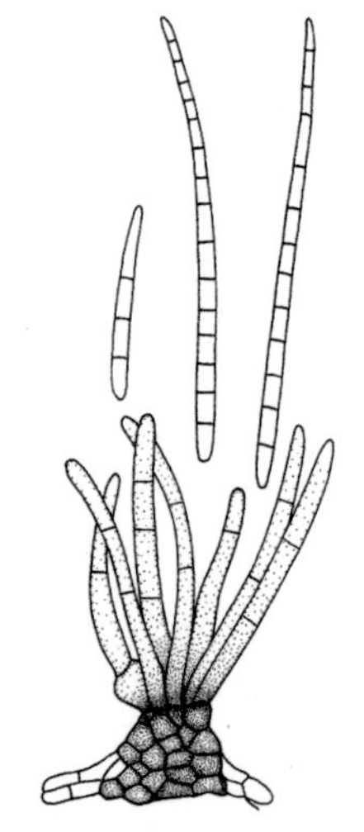
烟草蛙眼病菌的分生孢子和分生孢子梗

15 烟草灰霉病

烟草灰霉病于1982年首次在日本黄花烟草上被发现，目前是漂浮育苗苗床期主要病害，在我国分布于云南、贵州、四川、广西、福建、湖南、广东、黑龙江、陕西等地。在苗床期轻者发病率为5% ~ 8%，重者达50%以上，造成烟苗成丛死亡。还苗期后，揭膜覆土、降低烟株间的湿度，危害可减轻，旺长期该病仅在局部烟区偶然发生。目前该病害在大田期发生范围逐渐扩大，发生程度呈上升趋势。

【症状】该病主要危害烟株的叶片及茎。在苗床期，烟苗发病多从茎基部开始，初呈水渍状斑，高湿条件下很快发展成中部黑褐色、稍下陷的长圆形病斑，叶片变黄、凋萎，

烟草灰霉病苗期症状

烟草灰霉病苗期症状

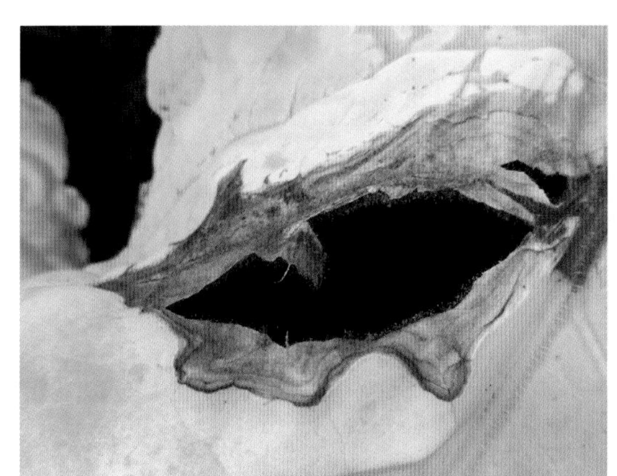

烟草灰霉病叶片症状

烟草灰霉病茎秆症状

湿度大时烟苗腐烂而死。大田期，病菌侵染叶片时，多始于叶尖、叶缘，初为水渍状，后发展为圆形或不规则的淡褐色病斑，可见明显的轮纹。高湿条件下，叶片叶脉腐烂，叶片脱落，而茎斑可以环绕全茎，导致其上部叶片变黄枯萎，湿度大时，可见病斑表面密生灰色霉层。

【病原】病原是灰葡萄孢（*Botrytis cinerea*），属半知菌亚门丝孢目浅色孢科葡萄孢属真菌。菌丝初白色，后渐变为灰色；分生孢子梗细长，簇生，浅灰色至褐色，顶端分枝，其末端膨大呈近球形，其上密生小梗，着生大量分生孢子，外观似葡萄穗状；分生孢子为单胞，无色，圆形、椭圆形或卵圆形，末端稍突，大小为（6.1 ~ 11.4）μm×（6.0 ~ 9.6）μm。病原菌菌丝在5 ~ 30℃均可生长，最适温度为20℃。pH为3.0 ~ 10.0的情况下该菌均能生长，最适pH为6.0。相对湿度低于100％时不能萌发，完全光照对该菌菌丝生长有促进作用，而完全黑暗更利于产孢、孢子萌发及菌核的形成，分生孢子的致死温度为42℃。

烟草灰霉病菌的分生孢子梗及分生孢子

该病原菌是一种寄主范围很广的兼性寄生菌，多种水果、蔬菜和花卉都有灰霉病发生。

【发生规律】病菌以菌核、分生孢子和菌丝体随病残组织在土壤中越冬，分生孢子通过气流传播，经伤口、自然孔口及幼嫩组织侵入寄主发病，病斑上的分生孢子借气流传播进行再侵染。中温高湿是灰霉病发生的主要条件。该病是烟草生产中采用漂浮育苗技术后新发生的一种病害，苗床期的发病重于大田期，由于漂浮育苗过程中湿度大，通风透光不足，以及剪叶造成伤口等原因更易造成病害的发生与流行。烟苗移栽到大田后，由于苗间距离增大，通风透光好，则病害症状逐渐减轻。近地面的底脚叶易受害，随着温度的升高及揭膜覆土，该病仅在中下部的叶片零星发生。

【防治方法】该病防治的中心环节是预防烟草苗期发病。(1) 加强苗床管理，育苗棚要通风透气透光。(2) 苗床消毒处理，育苗地开好排水沟，播种前浇足底水，降雨时不揭膜，雨后高温注意通风。可喷施1 ： 1 ： 200的波尔多液进行预防。(3) 在发病初期及时使用药剂控制发病中心，在移栽前或阴雨天气前喷药1次，可选用25%异菌脲可湿性粉剂1 000倍液，或40%菌核净可湿性粉剂600倍液，隔7 d喷药1次，连续使用2 ~ 3次。

16 烟草煤污病

烟草煤污病又称煤烟病，常与蚜虫和粉虱类昆虫伴随发生。该病害由真菌引起，在我国大部分烟区均有发生，一般在蚜虫或粉虱为害严重的烟田里该病害发生较多，但总体危害性较小，属次要病害。

【症状】在烟叶表面，尤其是在下部成熟的叶片上，散布煤烟状的黑色霉层。多呈不规则形或圆形。由于霉层遮盖叶表，影响光合作用，致使病叶变黄，重病叶出现黄色斑块，使受害叶片变薄，品质变劣。

烟草煤污病症状

【病原】病原菌是多种靠蚜虫或粉虱排泄的蜜露作为营养物滋生繁殖的腐生或附生真菌，主要有链格孢（*Alternaria alternata*）、草本枝孢菌（*Cladosporium herbarum*）、出芽短梗霉菌（*Aureobasidium pullulans*）、枝状枝孢菌（*Cladosporium cladosporioides*）等。

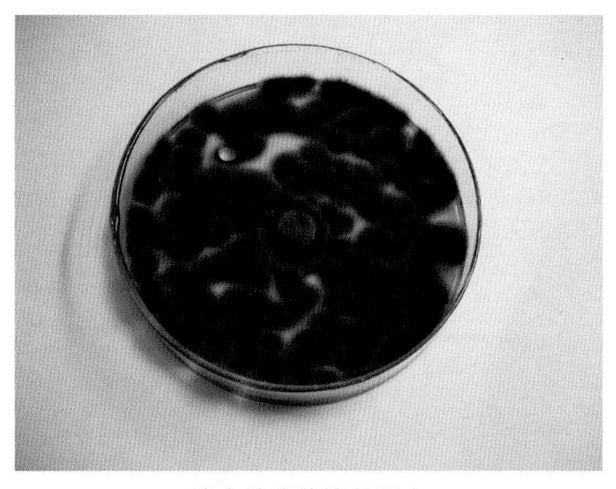
草本枝孢菌培养形态

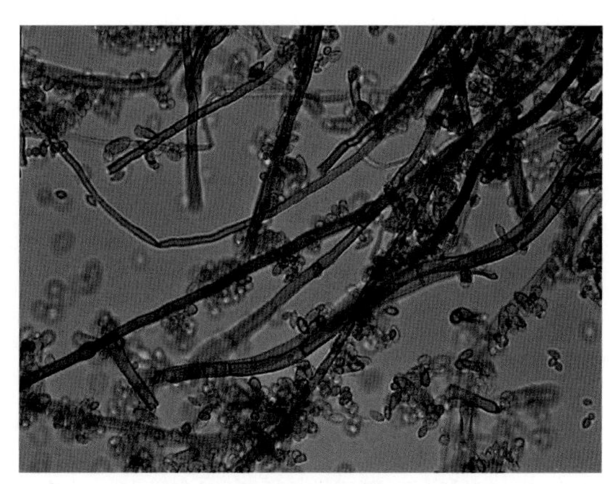
草本枝孢菌分生孢子梗及分生孢子

【发生规律】煤污病是腐生菌或附生菌，随病株残体或土壤中的有机物越冬。烟株密度过大、通风透光不良的地块，持续阴暗多雨天气，蚜虫或粉虱发生重的烟株易发生此病，多在烟株中下部叶片发病。

【防治方法】(1) 及时防治烟田蚜虫和粉虱。(2) 加强田间管理，注意田间的排水，防止田间湿度过大。(3) 平衡施肥，合理密植，及时采收底脚叶。

17 烟草灰斑病

烟草灰斑病是20世纪90年代在河南省烟田发生的一种新病害。近年在贵州省毕节地区金沙县和安顺市西秀区的漂浮育苗上发生较重，病株率为10%～20%。该病不仅对苗期烟株造成危害，移栽后还会继续侵染大田烟株。目前仍属于次要病害，危害较轻，但要关注其发展动向。

【症状】主要发生于移栽前后烟苗叶片或茎上，典型症状是发病初期为淡黄色斑点，

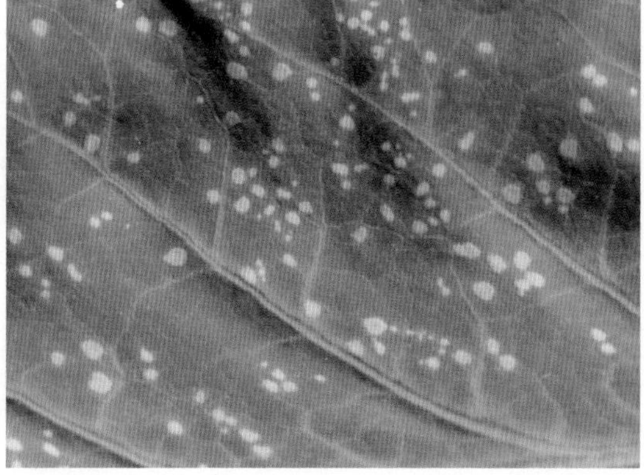
烟草灰斑病症状

后扩大成近圆形、白色至灰白色具有浅褐色边缘的凹陷梭形斑，后期变为黑褐色，无同心轮纹，病斑直径为2 ~ 3 mm，少数病斑的长度达7 ~ 11 mm，天气潮湿时，病斑上着生黑色霉状物，即病原菌的分生孢子梗和分生孢子。病斑密集会导致叶片干枯、茎部变黑枯萎，最终整株烟苗死亡。

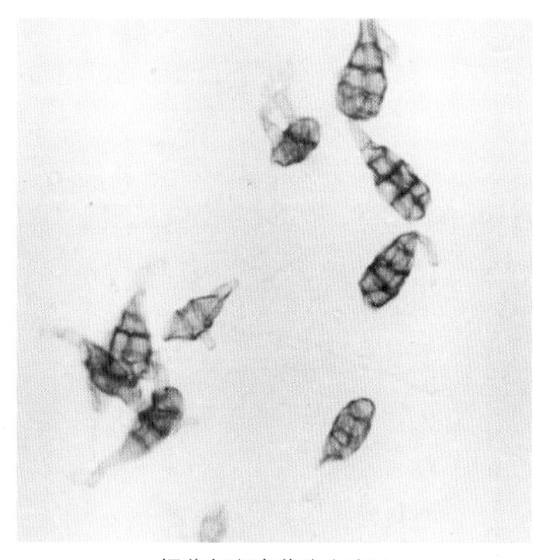

烟草灰斑病菌分生孢子

【病原】病原菌为多格链格孢（*Alternaria pluriseptata*），属半知菌亚门链格孢属。孢子梗散生，暗褐色，直或稍弯曲，1 ~ 3个隔膜，大小为（32 ~ 107）μm×（5.0 ~ 9.2）μm，顶端串生多个倒棒状或椭圆形分生孢子，褐色，大小为（20 ~ 67）μm×（10.0 ~ 16.8）μm。分生孢子具横纵隔，横隔1 ~ 6个，纵隔0 ~ 3个；顶端有喙，平均长度为3.9 μm。病原菌的适温范围是21 ~ 32℃，最适温度24 ~ 27℃。灰斑病菌孢子萌发要求较高的湿度，相对湿度小于75%时几乎不萌发，在水滴中最有利于孢子萌发。

【发生规律】目前对于烟草灰斑病菌发生规律尚缺乏深入研究，一般病菌以菌丝和孢子的形式在病残体或寄主杂草上越冬，成为次年初侵染源。菌丝产生的分生孢子借气流或雨水传播到健康烟株上。移栽前后气温偏高、湿度偏大、烟苗密度大、营养匮乏、大田返苗慢的情况烟株易于发病。

【防治方法】（1）加强育苗管理：早间苗，早定苗，培育壮苗，适时移栽，带土移栽，可缩短返苗期，提高抗病性，从而减轻病害。（2）化学防治：必要时采取药剂防治，可喷施70%甲基硫菌灵可湿性粉剂800 ~ 1 000倍液，根据病情连续施用2 ~ 3次。

18 烟草早疫病

1956年Hopkins首先在津巴布韦南部发现烟草早疫病。1989年，在我国吉林的敦化、蛟河及长春部分烟区首先发现该病，随后又在河南的宝丰、商丘等地发现该病，近年来在福建的南平、三明、龙岩，重庆各烟区也有发现，但发病不重，危害轻微。

【症状】病斑暗褐、黑褐或深黑色，圆形至近圆形，易受较大叶脉限制而分布于叶脉间，不同烟草品种上病斑大小差异较大，有明显的同心轮纹，早期病斑周围有黄白色晕圈，后期随叶片成熟晕圈消失，但病斑颜色不变，天气潮湿时病斑上可产生黑色霉层。

【病原】病原菌是茄链格孢 [*Alternaria solani*（Ellis et Martin）Sorauer]，属半知菌亚门链格孢属。分生孢子倒棍棒形或卵形，单生或串生，黄褐色，有2 ~ 8个横隔，纵隔0 ~ 5个，大小为（15 ~ 63）μm×（7 ~ 14）μm，分生孢子有喙，淡褐色，大小为（6 ~ 62）

μm×（2 ~ 6）mm。分生孢子梗单生或簇生，直或弯曲，不分枝或少见分枝，黄褐色，有1 ~ 7个隔膜，大小为（20 ~ 120）μm×（4 ~ 10）μm，但不同地区分生孢子形态和大小存在一定差异。

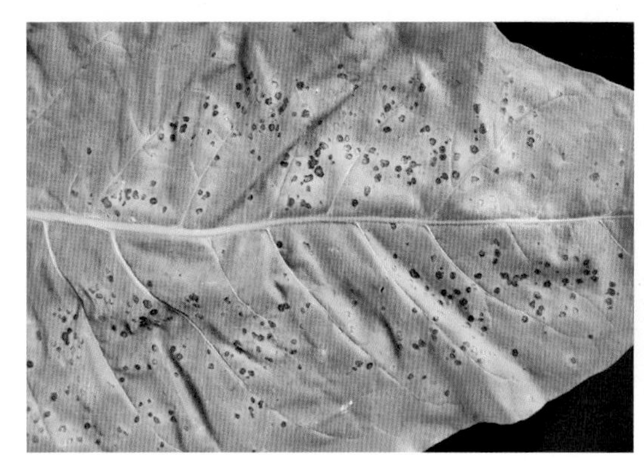
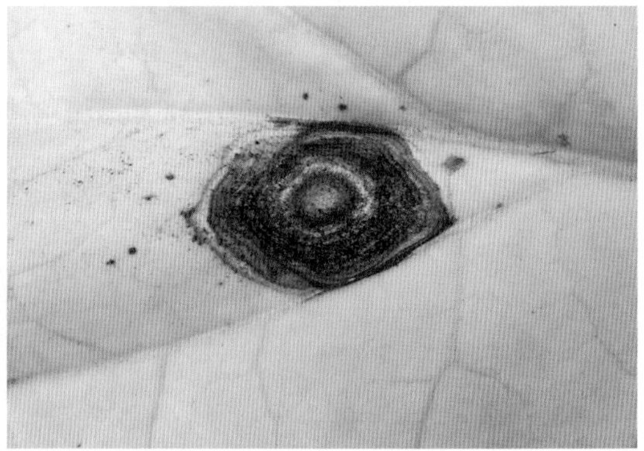

烟草早疫病病斑及黑色霉层

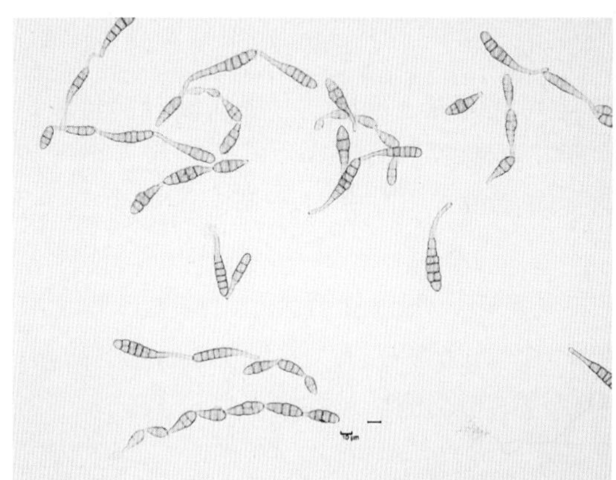
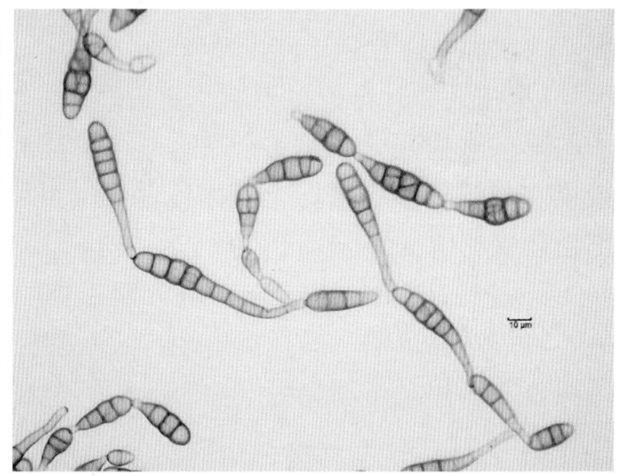

烟草早疫病菌分生孢子及分生孢子梗

【发生规律】病菌在病残体上越冬，当春季环境条件适合时即可形成分生孢子，随气流或风雨传播。分生孢子在适宜温度下遇雨滴或露滴20 ~ 30 min即可萌发，从气孔侵入或直接侵入，湿度低则不能侵入。菌丝在细胞内或细胞间繁殖并分泌交链孢酸（alternaria acid），这些毒素可杀死寄主细胞并在叶片上形成褐色斑点，在茎上或叶柄上形成暗褐色坏死斑。病菌由于昼夜生长不同而形成同心轮纹。在适宜条件下潜育期一般为2 ~ 3 d。一般在温度较高、湿度大，且在后期叶片趋于成熟时病害发生逐渐加重。

【防治方法】防治早疫病应综合利用农业防治和药剂防治等措施。(1) 收获后烟秆和残叶要及早清理，秋翻烟田。(2) 移植时剔除病苗、弱苗或将病叶摘除后再移到大田。(3) 避免与茄科植物邻作或轮作。(4) 发病时，可喷施40%菌核净可湿性粉剂800 ~ 1 000倍液或80%代森锰锌可湿性粉剂600 ~ 800倍液。

19 烟草碎叶病

烟草碎叶病是烟草叶片上常见的一种次要病害，分布虽广，但危害轻微，在辽宁、湖北、广东、重庆、黑龙江等省份有发生，严重烟田病株率可达19.3%。

【症状】烟草碎叶病危害烟叶的叶尖或叶缘部位。病斑不规则形，褐色，杂有不规则的白色斑，造成叶尖和叶缘处破碎。后期在病斑上散生小黑点，即病菌的子囊座，在叶片中部沿叶脉边缘也常出现灰白色闪电状的断续枯死斑，后期枯死斑常脱落，叶片上出现一个或数个多角形、不规则形的破碎穿孔斑。

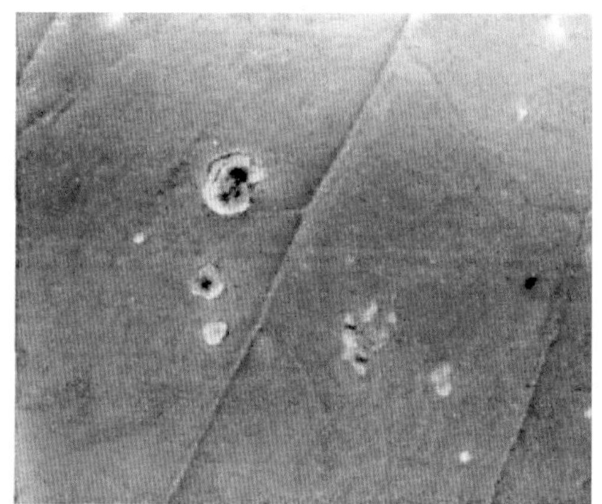

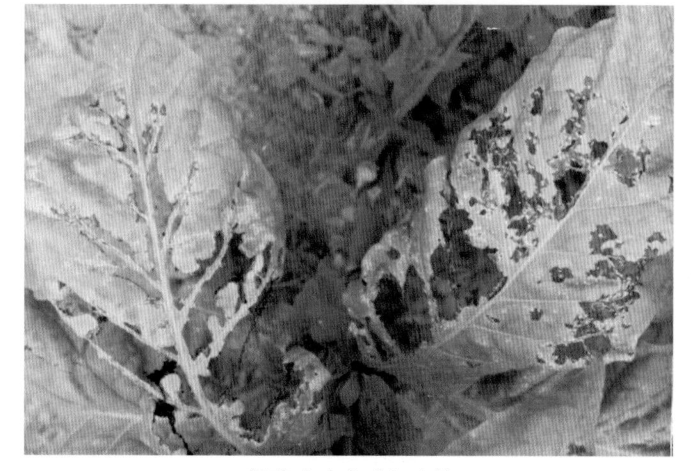

烟草碎叶病叶部症状

【病原】病原菌是烟球腔菌[*Mycosphaerella nicotianae*（Ell. et Ev）Mils]，属子囊菌亚门球腔菌属（*Mycosphaerella*）。子囊座埋生，呈球形或扁球形，黑褐色；子囊束生于子囊座内，圆柱形，无色，且含双列8个子囊孢子，无拟侧丝；子囊孢子梭形，无色，具有1个隔膜，上部细胞比下部细胞长，大小为（14 ~ 18）μm×（4 ~ 5）μm。

【发生规律】病菌以子囊座和子囊孢子在病株残体上越冬，成为第二年的初侵染源。病害多发生于多雨的7 ~ 8月，不同品种发病轻重不一。病害一般在田间零星发生，对产量影响不大，属次要病害。

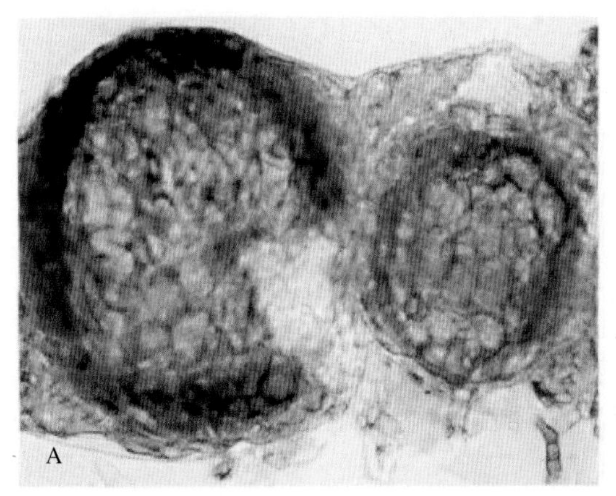

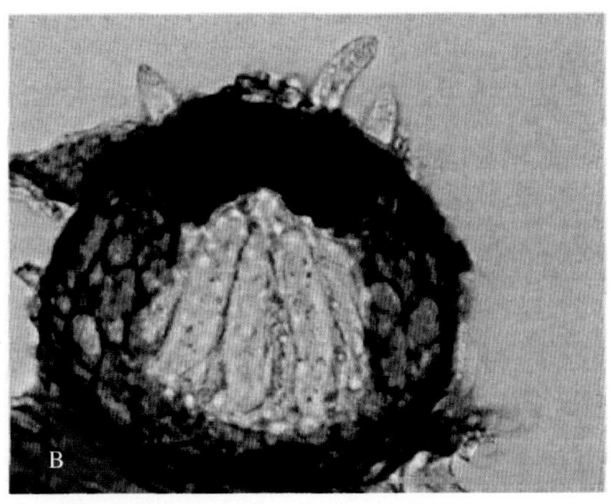

烟草碎叶病菌形态［子囊座埋生（A），子囊在子囊座里平行排列（B）］（付景圆提供）

【防治方法】（1）收获后及时清除田间枯枝落叶并烧毁，及时秋翻土地将散落于田间的病株残体深埋，合理密植，增施磷、钾肥，促使烟株生长健壮，增强抗病力。（2）田间发现病情及时全田施药防治，结合其他病害的防治可用下列药剂：70%甲基硫菌灵可湿性粉剂800 ～ 1 000倍液，25%丙环唑乳油2 000倍液＋50%福美双可湿性粉剂500倍液，每667 m^2用药液50 kg均匀喷雾。

20 烟草黑霉病

烟草黑霉病主要在苗床发生，1990年在我国广州市郊石牌烟草苗期首次发现此病，局部发生危害。

【症状】该病主要在苗期危害叶片。病斑从叶尖或叶缘开始发生，初呈水渍状，后变成暗褐色病斑。在潮湿条件下，病斑扩展迅速，直径可达60 mm。天气干燥时，病斑皱缩破裂，叶片向发病一侧扭曲，叶面和叶背病斑上有一层灰黑色霉状物。

烟草黑霉病症状

【病原】病原菌为枝孢菌(*Cladosporium herbarum*)，属半知菌亚门枝孢属(*Cladosporium*)。分生孢子梗直立，单支或稍分支，顶端或中央有结节状膨大，褐色，直径4 ~ 5 μm，分生孢子在顶端形成，橄榄色，单生或成短链，孢子卵圆形至圆柱形，0 ~ 3个分隔，大小为(5 ~ 23) μm× (3 ~ 5) μm。该菌还可侵染番茄，引起果腐。

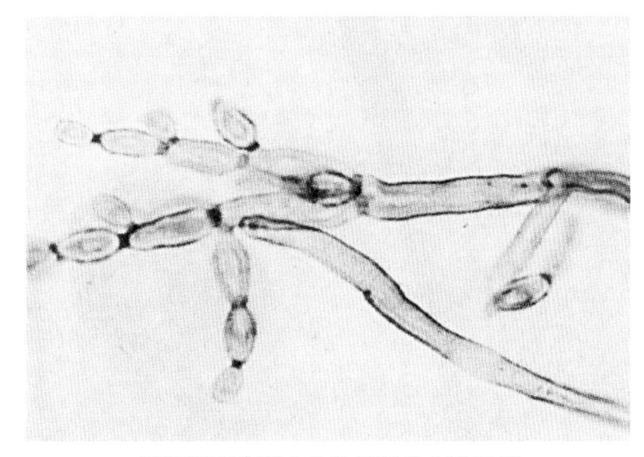
烟草黑霉病菌分生孢子及分生孢子梗

【发生规律】烟草黑霉病的初侵染源主要是病残体和带有病残体的未腐熟的堆肥。病菌通过气流传播，由自然孔口和伤口侵入。病部产生的分生孢子引起再侵染。低洼积水、湿度较高的苗床有利于病害的发生和扩展。

【防治方法】(1) 加强苗床管理，注意排除积水，及早间苗和拔除病苗。(2) 零星发病时，及时喷施70%甲基硫菌灵可湿性粉剂800倍液，间隔7 ~ 10 d再喷1次，可控制病害扩展蔓延。

21 烟草弯孢菌叶斑病

烟草弯孢菌叶斑病最早于20世纪60年代在印度北部烟区被报道，1989—1991年我国首次进行烟草侵染性病害调查时，仅在广西武鸣和浦北两县发现。2010—2014年我国烟草侵染性病害第二次调查中，广西河池、百色零星发生，为偶发性病害。

【症状】烟草弯孢菌叶斑病主要危害叶片，危害部位以下部叶为主，病斑初呈淡黄色，后变为直径5 ~ 15 mm的圆形至椭圆形病斑，黄褐色至深褐色，周围有明显黄晕，病健交界处明显，无轮纹，潮湿条件下病斑上着生灰褐色霉层，条件适宜时病斑迅速扩展，致整片叶枯死。

【病原】病原菌是车轴草弯孢[*Curvularia trifolii* (Kauffm.) Boedijn]，属半知菌亚门丝孢目暗色孢科弯孢属。在PDA培养基上，菌落灰黑色，绒状或絮状。分生孢子梗自菌丝顶端或中段细胞上产生，单生或丛生，圆柱状，直或略弯曲，不分枝，有时顶部曲膝状弯曲，分隔，淡褐色，顶部产孢区色泽渐淡，外壁光滑，长50 ~ 100 μm；分生孢子顶生或侧生，大小为 (20 ~ 30) μm× (10 ~ 17) μm，平均25 μm×12.7 μm，通常第一隔膜形成于分生孢子中部，从基部数第3个细胞不均匀膨大，使孢体向一侧弯曲，中部细胞淡褐色至褐色，两端细胞近无色至淡褐色，外壁光滑，脐点突出。

车轴草弯孢的寄主还包括车轴草、针茅、马唐及莴苣。

【发生规律】目前对于烟草弯孢菌叶斑病尚缺乏深入研究，其发生规律不详。一

烟草弯孢菌叶斑病症状（王忠文提供）

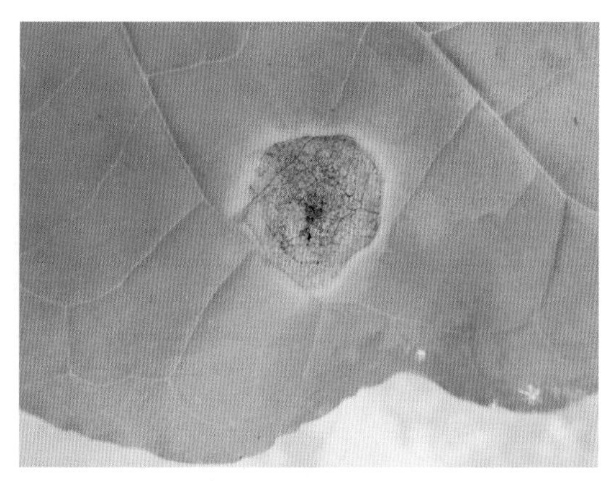

烟草弯孢菌叶斑病病斑（谭海文提供）

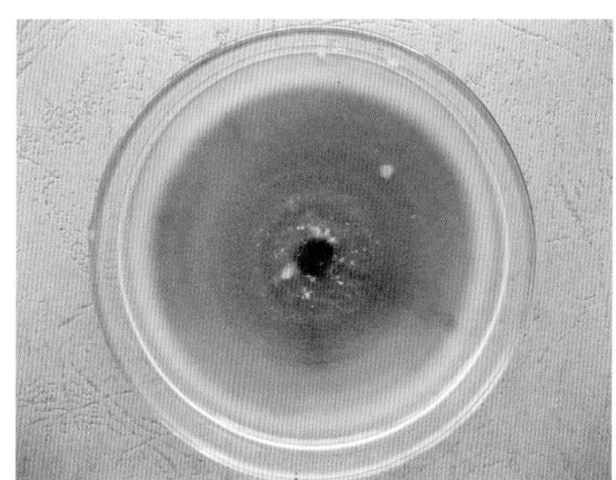

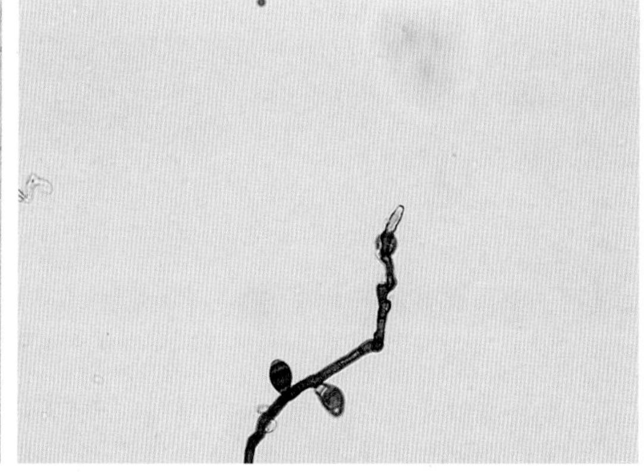

车轴草弯孢在PDA上的菌落及分生孢子梗（谭海文提供）

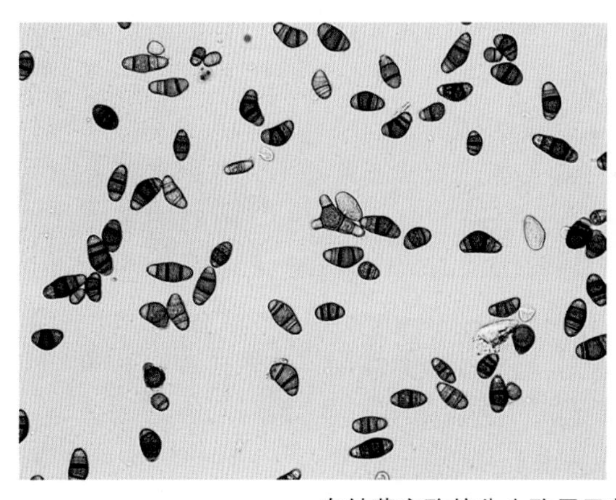

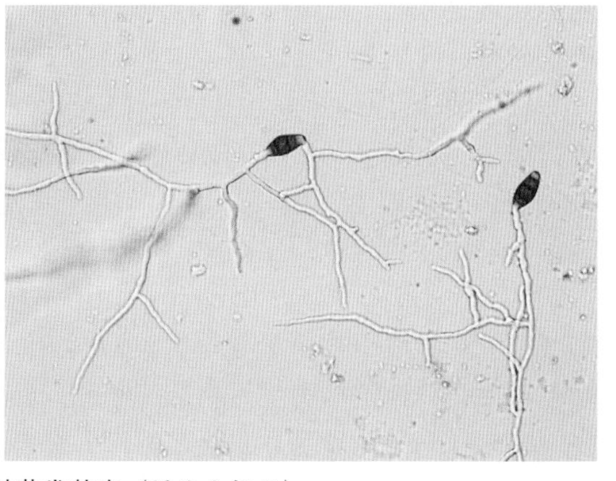

车轴草弯孢的分生孢子及其萌发状态（谭海文提供）

般弯孢属真菌主要在病残体上越冬，也可在其他寄主植物或杂草上越冬。弯孢属真菌可腐生也可营寄生生活，但通常寄生性较弱，栽培管理粗放的田块易发病，高温高湿有利于该病害发展。病菌主要靠气流、风雨传播，病害潜育期短，田间再侵染频繁。

【防治方法】(1) 及时清除烟田病残体。(2) 加强栽培管理，增强烟株抗病性。(3) 发病初期及时进行药剂防治，可选用70%代森锰锌可湿性粉剂500 ～ 800倍液、50%咪鲜·氯化锰可湿性粉剂1 000倍液等广谱性杀菌剂喷雾防治。

22 烟草棒孢霉叶斑病

Fajola等首次报道烟草棒孢霉叶斑病在尼日利亚危害烟草，我国于1998年在贵州烟区首次发现，发病烟田损失率为10% ～ 30%。目前国内主要分布于贵州、广西等烟区。

【症状】主要发生时期在旺长期以后，以危害底脚叶和下二棚叶为主，严重时也可侵染上部叶。病叶初期病斑为暗绿色至暗褐色小点，迅速扩大成直径2 ～ 4 mm的灰白色至褐色小圆斑，具浅褐色至暗褐色边缘，后期可扩大成直径10 mm以上的近圆形病斑或连合成不规则形病斑，颜色为浅褐色至褐色，具深褐色边缘，轮纹较少或不明显，病斑中心常具有褐色霉层，病斑周围常伴有明显的黄色晕圈。叶柄、主脉和茎秆均可受到侵染，其病斑一般为褐色至黑褐色凹陷条斑。

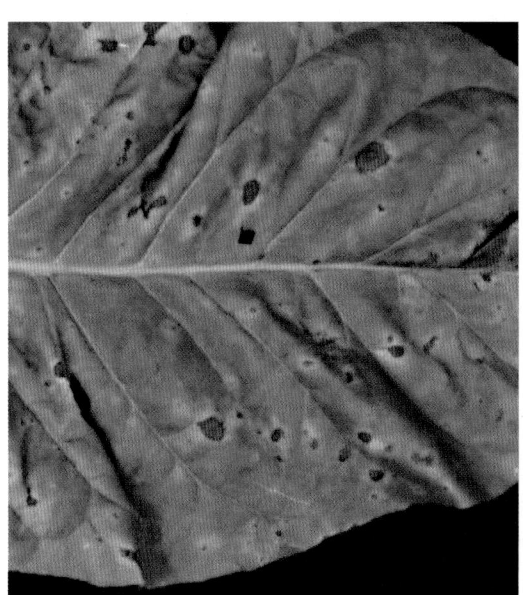

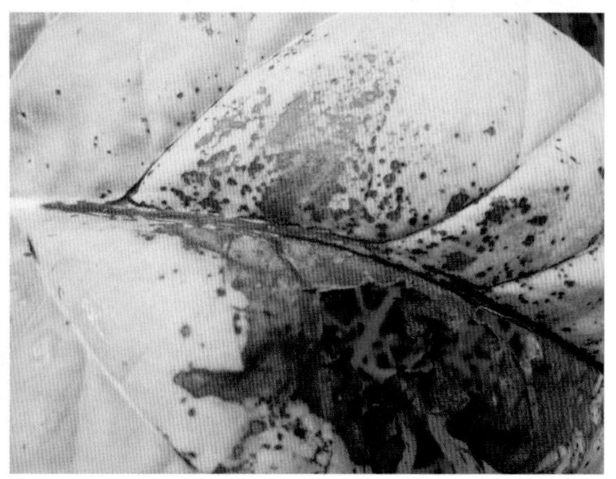

烟草棒孢霉叶斑病褐色病斑（谭海文提供）

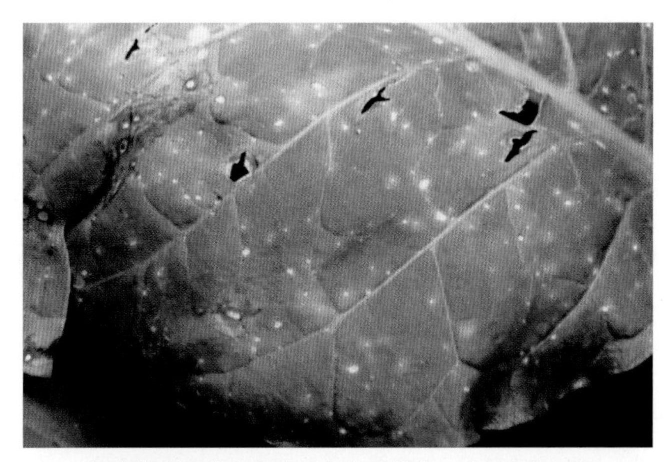

烟草棒孢霉叶斑病叶部白点型病斑（关国经提供）

烟草棒孢霉叶斑病茎部病斑（关国经提供）

【病原】病原菌是山扁豆生棒孢[*Corynespora cassiicola*（Berk. & Curt.）Wei]，属半知菌亚门丝孢目暗色孢科棒孢属。分生孢子梗单生或丛生，褐色，具隔膜，大小（81 ~ 218）μm×（4 ~ 9）μm [（140±33）μm×（6.7±1.0）μm]。分生孢子单生，偶有两个串生于分生孢子梗顶端，浅褐色，具4 ~ 14个横隔。分生孢子有棒槌形和长圆柱形两种形态，均有侵染力，其所产孢子在自然条件下以棒槌形为主，连续保湿条件下以长圆柱形为主。在培养基上菌丝生长和产孢的最适温度为27.5 ~ 30℃，20℃以下产孢量很少，10℃时不产孢，最适相对湿度为95% ~ 98%，最适pH为6.0 ~ 6.5。在叶斑上产孢和孢子萌发的最适温度为25 ~ 30℃。孢子致死温度和时间为55℃、10 min。此菌寄主范围很广，可侵染棉花、黄瓜、羽扇豆、番木瓜、橡胶、芝麻、大豆和西瓜等380个属的530种植物。

【发生规律】病原菌主要在烟秆及其残体上越冬，也可在其他寄主植物上越冬。在室内通风条件下带菌烟秆上的病菌可存活46个月以上、在土壤中可存活2年以上，其初侵

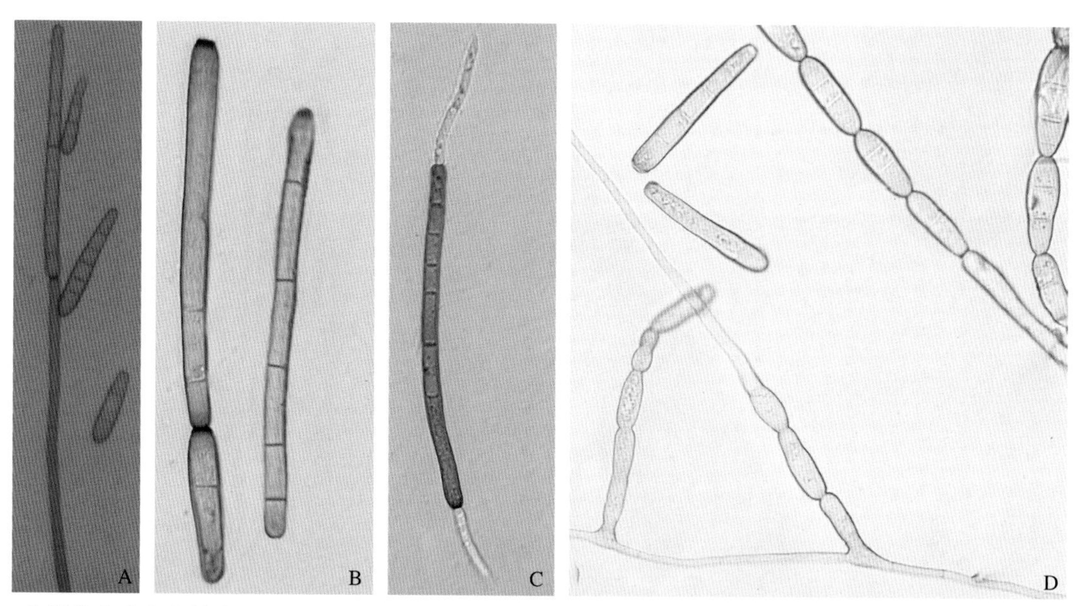

自然发病病斑上的孢子及孢子梗（A）、接种病斑上的孢子（B）、接种病斑上的孢子萌发（C）和PDA培养基上产生的孢子（D）（谭海文提供）

染来源主要是带菌烟秆，病菌借气流传播。病害发生发展的最适温度为25 ~ 30℃，湿度是决定病害发生与流行的关键因子，连续雨天、叶面湿润持续24 ~ 36 h以上是病害明显发生或严重发生的必要条件之一。因此，一般降雨多湿度大，则发展快危害重，反之，则发生轻。

【防治方法】(1) 烟秆及其残体处理：采收结束后及时拔除烟秆和清理病残体，禁止长期堆放于田间田边。(2) 烟株营养调控：通过平衡施肥、合理打顶留叶等措施，使烟株生长发育良好、营养协调，以提高烟株抗病性。(3) 及时摘除底脚叶。(4) 药剂防治：于发病初期选用70%代森锰锌可湿性粉剂500 ~ 800倍液喷雾，还可选用30%苯醚甲环唑悬浮剂1 500倍液、50%咪鲜 · 氯化锰可湿性粉剂1 000倍液等药剂。视病情和天气状况确定施药次数，一般间隔7 ~ 10 d施用1次，连续施药2 ~ 3次。

23 烟草靶斑病

烟草靶斑病是我国烟草上的新病害。该病于1948年在巴西布雷尔最先报道，1983年在美国北卡罗来纳州发生，1989年，非洲津巴布韦和欧洲保加利亚亦相继发现此病。2006年，我国首次报道该病害大面积发生于辽宁省丹东烟区，且流行趋势不断加重。近几年，云南、广西、四川、吉林、黑龙江亦分别发现此病害，分布范围有扩大趋势。该病在烟叶进入成熟期的中部叶片发生，严重时病斑连片，影响烟叶产量和质量。

【症状】主要发生于大田烟株开始成熟时期的叶片上，初为小而圆的水渍状斑点，随后迅速扩大，病斑不规则，直径可达2 ~ 10 cm，病斑呈褐色，常有同心轮纹，周围有褪绿晕圈，病斑的坏死部分常碎裂脱落而穿孔，形如射击后在靶上留下的孔洞，故称靶斑病。空气湿度大时，病斑背面会出现白色毡状霉层，为该菌的菌丝及其有性世代的子实层。

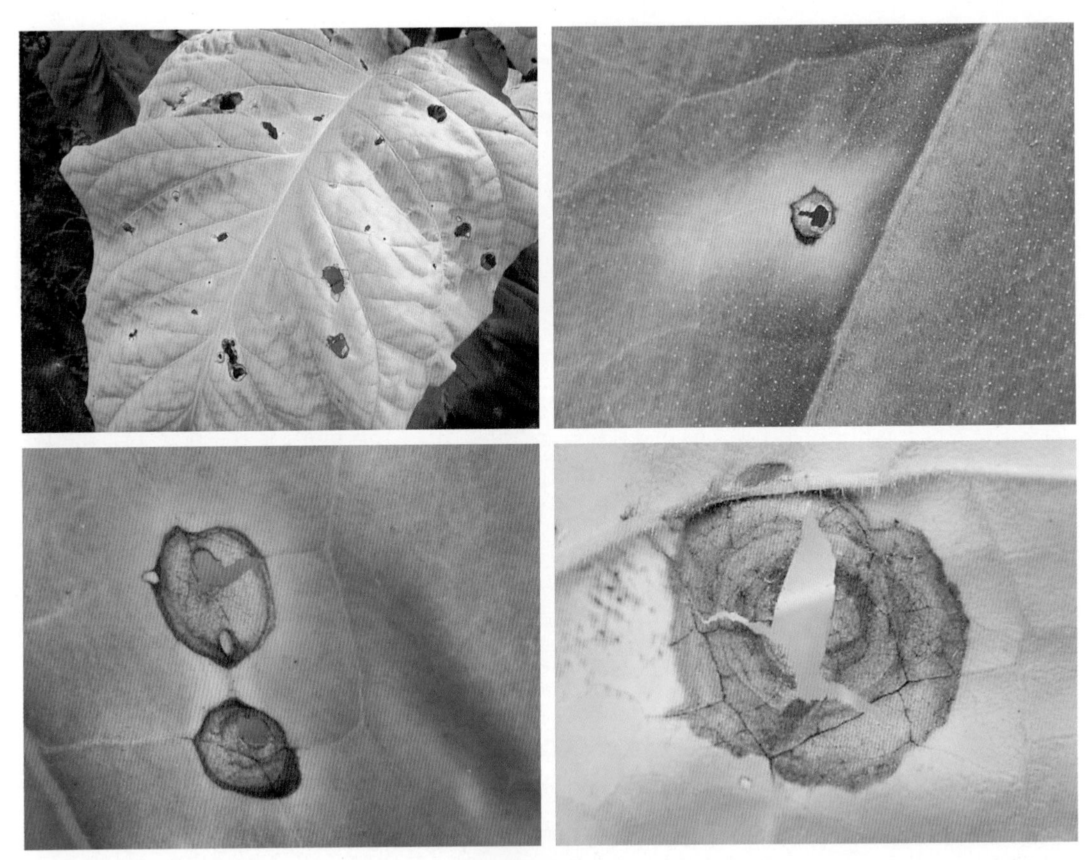

烟草靶斑病症状

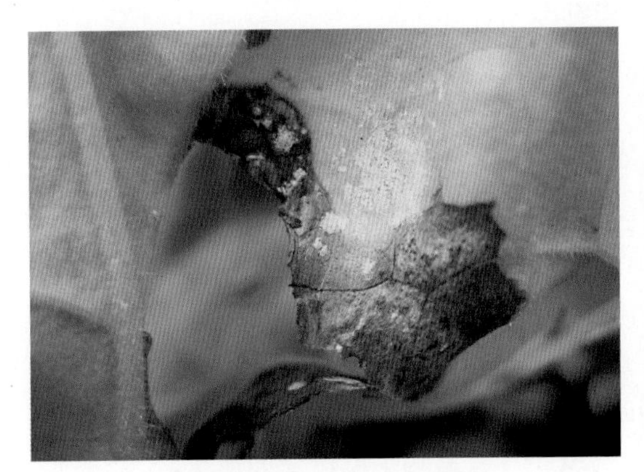

烟草靶斑病叶背面白色霉层

烟草靶斑病大田症状

【病原】病原菌是瓜亡革菌[*Thanatephorus cucumeris*（Frank）Donk]，属于担子菌亚门层菌纲亡革菌属；无性世代为立枯丝核菌（*Rhizoctonia solani* Kühn），引起烟草立枯病。菌丝宽9 ～ 12 μm，有索状联合，担子大小约为9 μm × 14 μm，担子梗长度为5 ～ 25 μm，基部宽仅为3 μm。担孢子顶生2 ～ 5个小梗，每个小梗上着生1个担孢子，担孢子透明光滑，球形至椭圆形。

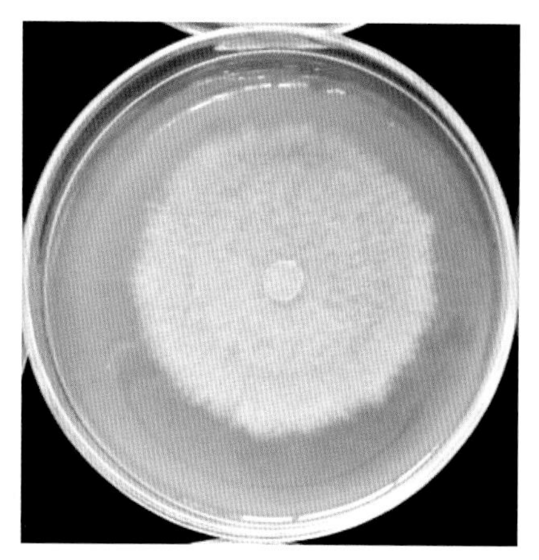
烟草靶斑病菌培养形态

该病菌菌丝生长的适宜温度范围为20 ～ 30℃，最适温度为25℃；适宜相对湿度为65%～ 90%，其中相对湿度90%时菌丝生长最快，表明湿度高有利于菌丝生长；持续黑暗有利于菌丝和菌核的生长，12 h黑暗和光照交替有利于病菌侵入。人工接种试验显示，不同地区来源的烟草靶斑病菌菌株间致病力存在明显差异。

由瓜亡革菌引起烟草靶斑病的分离物担孢子，人工接种可侵染烟草、茄子、番茄、辣椒、黄瓜、冬瓜、白菜、甜菜和葫芦。

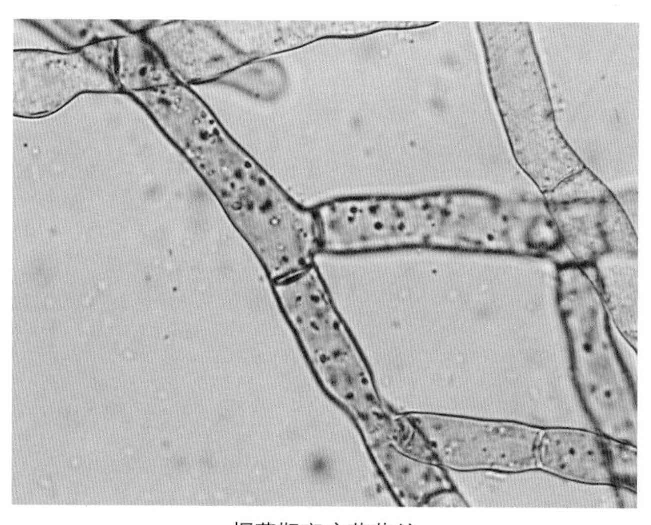
烟草靶斑病菌菌丝

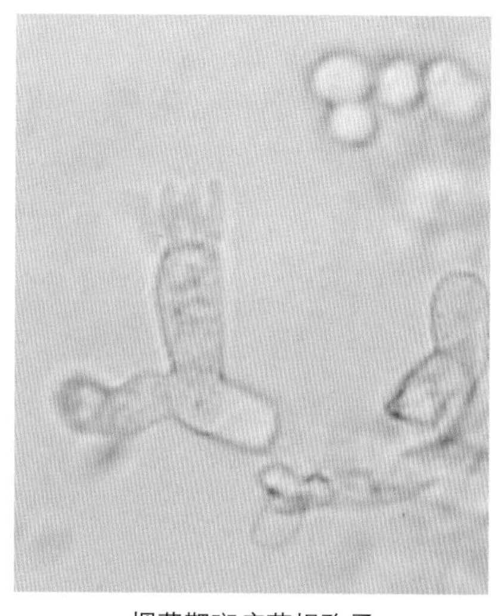
烟草靶斑病菌担孢子

【发生规律】瓜亡革菌以菌丝和菌核在土壤和病株残体上越冬，越冬菌产生小而轻的担孢子，靠气流传播扩散到健康烟株上，温度为24℃以上和湿度适宜时，担孢子萌发直接侵入烟草叶片，完成初侵染。大田的另一个初侵染过程是大田期烟叶生长到可以覆盖土壤，形成局部土壤表面较高的湿度，在这种情况下，担孢子可以从土壤表面的子实层产生并通过风雨、气流散布到底层叶片上，侵染叶片组织。叶部的再侵染也是由担孢子引起的，靠气流传播，遇适宜条件即相对湿度较高（叶部湿润）和温度中等(20 ~ 30℃)，病害可迅速扩散蔓延；当湿度小、条件不适于担孢子产生时，该病原菌又能引起烟苗的立枯病。

【防治方法】(1) 控制苗床和烟田湿度，合理密植，增加田间通风透光，保持叶片干燥可抑制病情发展。(2) 合理施肥，提早采收。(3) 烟叶收获后及时清除田间枯叶和病株残体，防止初侵染源形成。(4) 发病初期喷施70%代森锰锌可湿性粉剂500倍液、10%井冈霉素水剂600倍液或30%苯甲·丙环唑乳油1 000倍液进行防治，可有效减轻病害发生。

24 烟草白星病

烟草白星病又名穿孔病、褐斑病、叶点霉斑病。广泛分布于世界各产烟国，国内分布于吉林、辽宁、山西、河南、湖南、广西、云南等烟区。田间危害轻，为次要病害。

【症状】幼苗至成株期，叶片均可被侵染发病，但旺长期至打顶期发生较多，尤其是中下部叶片发病更多。病斑呈白点状，边缘褐色，圆形、近圆形或不规则，直径1 ~ 3mm，后期病斑上着生小黑点（分生孢子器），病斑组织易碎裂、脱落为穿孔状。病斑密集产生时，数个病斑相互愈合为大斑，叶组织坏死干裂脱落。

烟草白星病叶部症状

烟草白星病与蛙眼病的病斑都是白色或灰白色小斑点，极易混淆。主要区别是，白星病病斑中央散生小黑点（分生孢子器或子囊果），蛙眼病的病斑中央为黑色霉层（分生孢子梗和分生孢子）。

【病原】 病原菌是烟草白星叶点霉（*Phyllosticta tabaci*）。分生孢子器球形或扁球形、有明显孔口，大小为（60 ~ 110）μm×(50 ~ 100)μm；分生孢子圆筒形或椭圆形，两端钝圆，单胞、无色，大小为（4 ~ 7）μm×（2 ~ 3）μm。

烟草白星叶点霉在自然条件下能形成有性态球腔菌（*Mycosphaerella* sp.）。烟草球腔菌的子囊座散生于枯死叶斑组织上，黑色，球形或扁球形，有孔口；子囊圆柱形，双层壁，束生于子囊腔内壁基部；子囊孢子椭圆形，双细胞，上部细胞较大。

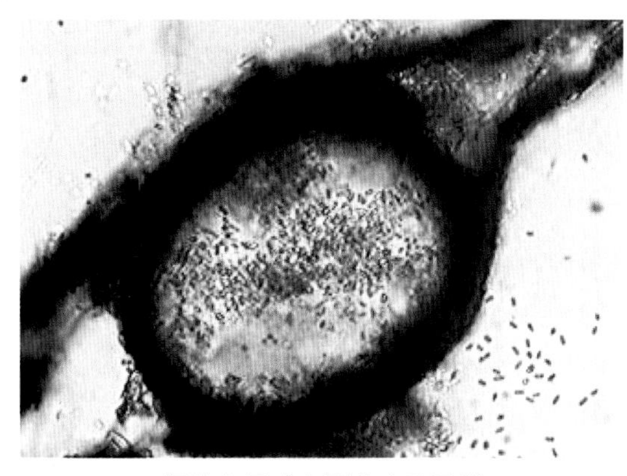

烟草白星叶点霉分生孢子器

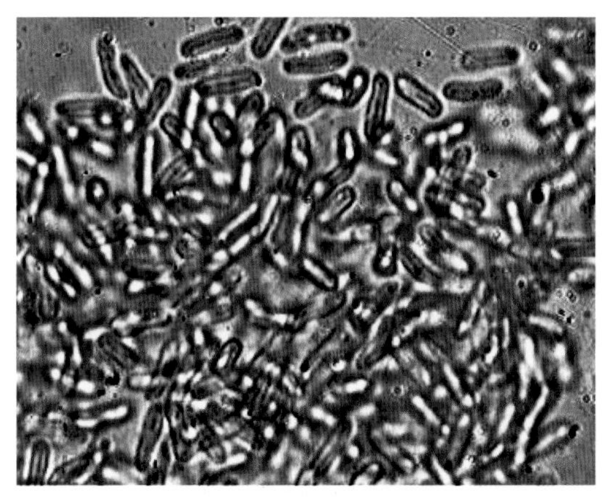

烟草白星叶点霉分生孢子

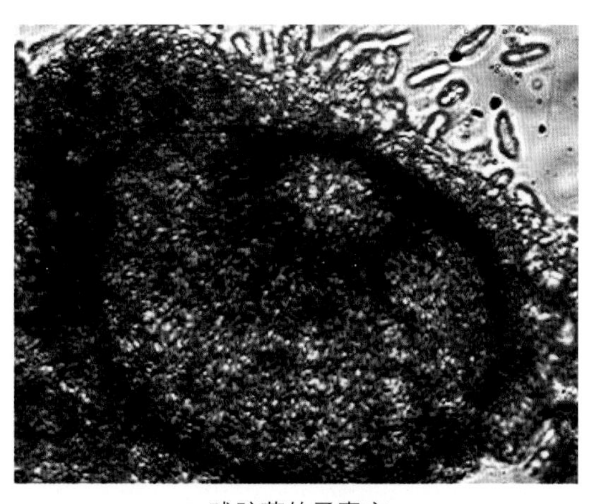

球腔菌的子囊座

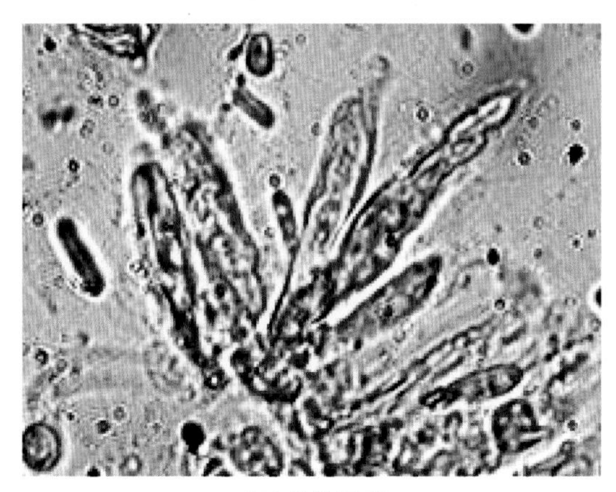

球腔菌的子囊

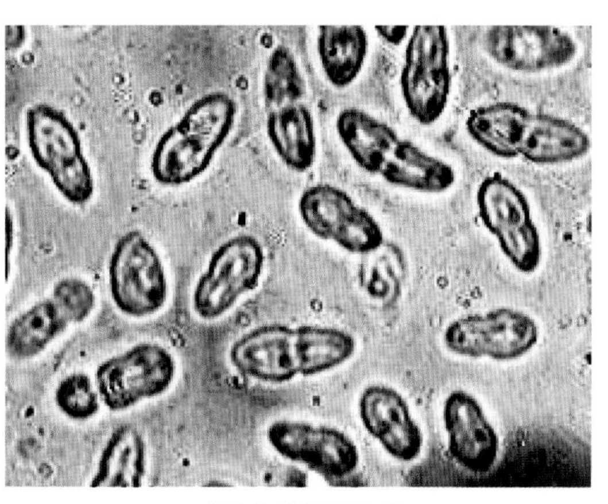

球腔菌的子囊孢子

【发生规律】病菌以菌丝、分生孢子器或子囊座在病株残体上越冬，来年条件适宜时以分生孢子或子囊孢子进行初侵染；病斑上又产生孢子，借风、雨传播进行再侵染，使病害不断扩展蔓延。缺肥、偏施氮肥易发病，长势衰弱的烟株发病重。

【防治方法】参照烟草赤星病的防治方法，与赤星病兼治，不需单独防治。

25 烟草盘多毛孢灰斑病

拟盘多毛孢可引起多种经济植物病害，部分病害危害严重，但其所引起的烟草灰斑病仅零星发生，田间危害轻微。

【症状】烟草团棵期至旺长期多发，病斑初期为淡黄色不规则形，逐渐扩大为近圆形或不规则形，褐色，后期病斑灰白色、边缘褐色，病斑上产生黑色小粒点（分生孢子盘和分生孢子），病斑组织易破碎穿孔。

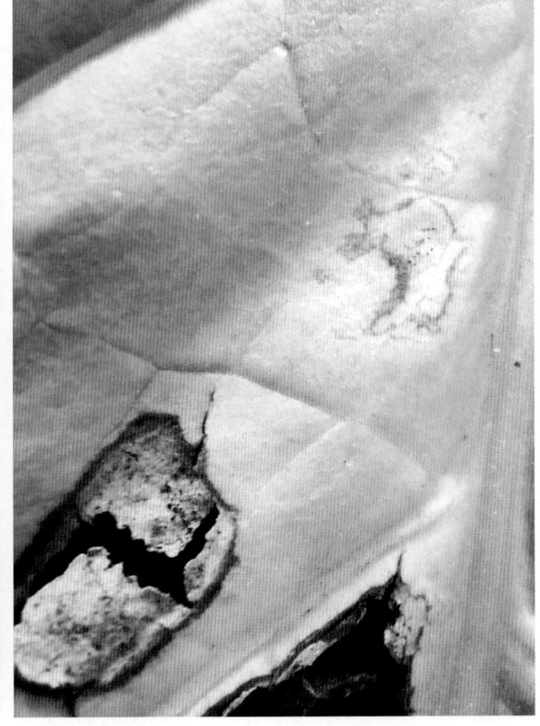

烟草盘多毛孢灰斑病症状

【病原】病原菌是拟盘多毛孢（*Pestalotiopsis* sp.），分生孢子盘为盘状，近表生。分生孢子呈直的纺锤形，有4个横隔膜，两端细胞无色，中间细胞褐色，顶细胞有2 ~ 3根附属丝，基部细胞有1根内生附属丝。

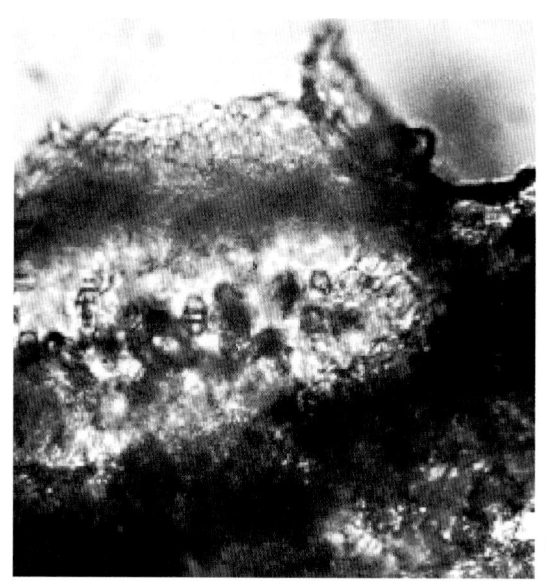
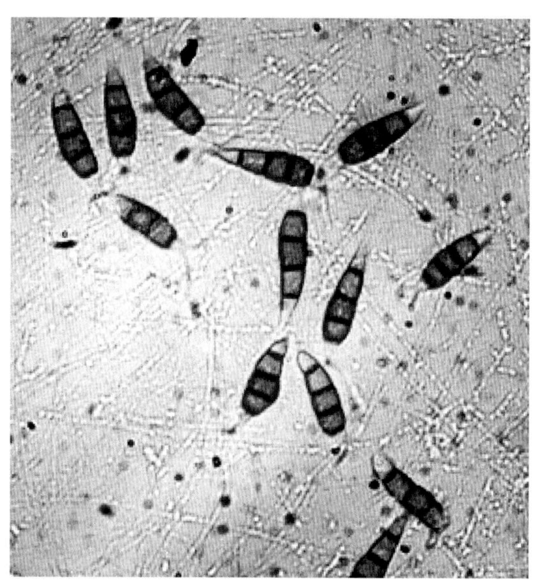

烟草盘多毛孢灰斑病菌分生孢子盘和分生孢子

【发生规律】病菌以菌丝体在病组织越冬，成为来年的初侵染源。多雨高湿、长势弱、伤口多等条件有利于发病。发病时，烟株下部老叶易发病，风雨天气可加重病害的发生，病原菌产生的分生孢子，借风力进行传播。

【防治方法】参照烟草赤星病的防治方法，与赤星病兼治，不需单独防治。

26 烟草霜霉病

烟草霜霉病又称蓝霉病，是危害烟草的一种毁灭性病害，也是我国对外检疫对象之一。1891年澳大利亚首次发现烟草霜霉病，随后美洲（如阿根廷和美国）也相继报道发现该病，目前烟草霜霉病已于欧洲普遍发生，并蔓延至北非和亚洲（东亚除外）。由于霜霉病菌具有多次重复再侵染的特点，因此在冷凉、阴湿的适宜天气条件下，该病可在苗床和田间迅速发生。我国至今尚未发现烟草霜霉病。

【症状】苗期发病症状因苗龄不同和受害程度不同而异。叶片宽度小于2 cm时，发病叶片先出现黄色小病斑且直立。叶片宽度4 cm左右的烟苗发病，首先苗床上出现黄色圆形的发病区域，发病中心的烟株叶片呈杯状，有时病斑背面可产生蓝灰色霜霉层（病原菌子实体）。生育期不足1个月的烟苗易感病，染病后迅速死亡。霜霉病发病初期发展缓慢，随着大量孢子囊的产生，病害可能暴发，一夜间整个苗床全部发病。成株期染病，叶片正面出现黄色条纹，继而形成黄色圆斑，病斑常相互连片，形成淡棕黄色或浅褐色坏死区，叶片皱缩、扭曲。当病菌生长时，叶背面出现蓝灰色霉层。病株矮小，重病株根系黑褐色，发病严重时，烟叶失去经济价值。

烟草霜霉病叶片症状

【病原】病原菌是烟草霜霉菌（*Peronospora tabacina* Adam），属卵菌门霜霉属，是一种专性寄生菌。

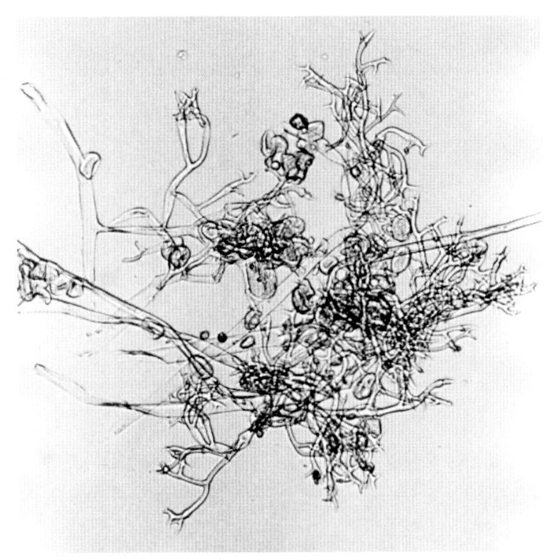

烟草霜霉病菌孢子囊

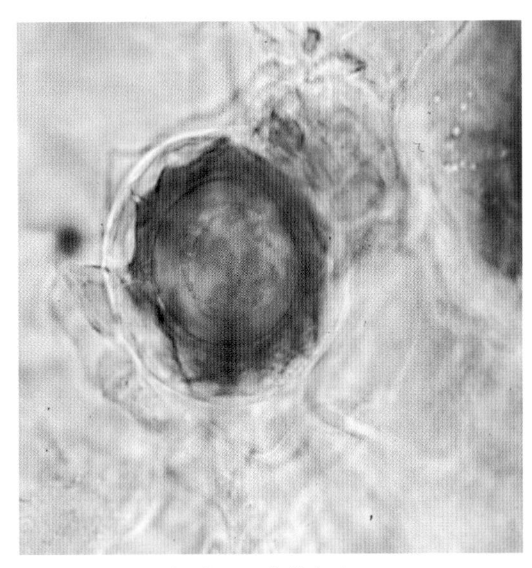

烟草霜霉病菌卵孢子

【发生规律】在土壤中越冬的卵孢子是主要初侵染源，在冬季比较温暖的地区，病菌可在病株上越冬，成为苗床期病害的主要初侵染源，有些烟区的初侵染源为气流传播的孢子囊。孢子囊是再侵染源，孢子囊小而轻，可随风飘浮，主要借助风力传播。病害发生主要取决于气候条件，昼夜温差大，相对湿度高有利于霜霉病的发生，强光可以杀死孢子囊。据报道28 ～ 30℃和15 ～ 18℃两种温度条件交替，相对湿度90%以上，弱光或黑暗，是霜霉病发生的最适条件。

【防治方法】目前我国要加强对烟草霜霉病的检疫，检验进口烟叶商品和烟草种子时，要严格执行国家植物检疫法规。国外对烟草霜霉病防治的主要措施如下：(1) 筛选抗病种质、培育和利用抗病品种：目前已发现一些抗病基因，欧洲和澳大利亚正在利用这些基因开展抗病育种，并在生产上推广应用抗病品种。(2) 药剂防治：目前多采用甲霜灵和甲霜·锰锌进行喷雾防治。(3) 病情预报：美国于1945年就建立了烟草霜霉病测报系统，后来国际烟草科学研究合作中心（CORESTA）和澳大利亚都建立了测报系统，以便制订适时有效的药剂防治计划。

第三章 CHAPTER3 烟草细菌病害

烟草细菌病害是由细菌侵染烟草引起的一种侵染性病害。细菌是原核生物界（Procaryotae）的单细胞生物，是仅次于真菌和病毒的第三大类病原生物，它是一类含有原核结构的微生物，结构简单，一般由细胞壁和细胞膜包围细胞质。其遗传物质（DNA）分散在细胞质中，无核膜包围，无明显的细胞核；细胞质中含有小分子的核糖体（70S），但没有内质网、线粒体等细胞器。一般细菌的形态为杆状、球状或螺旋状，大多单生，也有双生、串生和聚生。植物病原细菌大多是杆状菌，少数是球状菌。近年来，随着一些新的属和种的命名，目前植物病原细菌已有近40个属。

在我国已报道的烟草细菌病害有9种，主要包括烟草青枯病、烟草野火病、烟草角斑病、烟草空茎病、烟草剑叶病和烟草细菌性叶斑病等。烟草被病原细菌侵染后表现出的症状主要有腐烂、坏死、萎蔫、黄化、矮缩等。烟草病原细菌分别属于常见的劳尔氏菌属（*Ralstonia*）、假单胞菌属（*Pseudomonas*）、黄单胞菌属（*Xanthomonas*）、欧文氏菌属（*Erwinia*）、芽孢杆菌属（*Bacillus*）。目前，已报道的主要种类有青枯劳尔氏菌（*Ralstonia solanacearum* E.F Smith）、丁香假单胞菌烟草致病变种（*Pseudomonas syringae* pv. *tabaci*）、胡萝卜软腐果胶杆菌胡萝卜软腐亚种（*Pectobacterium carotovorum* subsp. *carotovorum*）、胡萝卜软腐果胶杆菌巴西亚种（*P. carotovorum* subsp. *brasiliense*）、蜡样芽孢杆菌（*Bacillus cereus*）等。

近年来，烟草细菌病害发生普遍、危害较为严重。其中，烟草青枯病、烟草野火病普遍分布于我国的各个烟区，对烤烟生产造成了巨大的危害，经济损失严重。田间细菌侵染烟草有时存在复合侵染的现象，即两种或两种以上病原细菌同时侵染同一植株，该侵染方式的出现加重了田间病害的发生，增加了该类病害的防治难度。目前，主要采用的防治原则是预防为主、综合防治，把杜绝和消灭病菌来源放在首位，利用抗病品种和农业措施进行有效防治，抗生素及生物防治的应用也较为普遍。

01 烟草青枯病

烟草青枯病首先于1880年在美国的北卡罗来纳州格兰维尔（Granville）被发现，故当时被称为格兰维尔凋萎病，是热带、亚热带地区烟草重要的细菌性土传病害。1940年前后，该病在美国和印度尼西亚的危害最为严重，此后在许多产烟国逐渐成为重要的根茎病害。该病在中国俗称“烟瘟”“半边疯”，于1985年开始发生并流行，给烟草生产造成巨大损失。目前，我国烟草青枯病发病面积大、危害较重的烟区有福建、广西、广东、湖南、安徽、四川、重庆、湖北等地。20世纪90年代后，其分布区域向北方烟区扩展，如山东、河南和陕西等省份都已有分布且局部烟区危害很严重。

【症状】烟草青枯病是一种典型的维管束病害，最显著的症状是枯萎。该病害主要危害根部，病菌多从烟株一侧的根部侵入，发病初期，先是病侧有少数叶片凋萎，但仍为青色，故称青枯病。直至发病的中前期，烟株表现一侧叶片枯萎，另一侧叶片似乎生长正常，这种半边枯萎的症状可作为与其他根茎类病害的重要区别特点。若将病株连根拔起，可见病侧的许多支根变黑腐烂，而叶片生长正常的一侧根系大部分生长正常。随着病情发展，暗黄色条斑逐渐变成黑色条斑，可一直伸展至烟株顶部，甚至到达叶柄或叶脉上。到发病后期，病株全部叶片萎蔫，茎秆变黑，根部变黑、腐烂，髓部呈蜂窝状或全部腐烂形成中空，但多限于烟株茎基部，这可与髓部全部中空的烟草空茎病相区别。若横切病茎，用力挤压切口，可见黄白色的乳状黏液渗出，即细菌溢脓。

病菌也可从叶片侵入，使叶片迅速软化，初为青绿色，一两天后即表现为叶脉变黑、叶肉为黄色的网状斑块，随后变褐变干。病菌从叶片侵入发展的速度比从根部侵入慢。

烟草青枯病半边枯萎症状

烟草青枯病茎部黑色条斑症状

烟草青枯病叶部症状

烟草青枯病茎秆维管束变褐色

烟草青枯病大田严重发生症状

【病原】病原菌为青枯劳尔氏菌（*Ralstonia solanacearum* E. F Smith）。菌体短杆状，两端钝圆，大小为（0.9 ～ 2）μm×（0.5 ～ 0.8）μm，单极生鞭毛1 ～ 3根，偶尔两极生，能在水中游动，属好气性细菌，革兰氏染色反应呈阴性。该菌生长的最适温度为30 ～ 35℃，最适生长pH为6.6，喜酸性环境。该菌种类繁多，类型复杂，现已鉴定出5个生理小种和5个生物型。侵染烟草的菌株是小种1和生物型Ⅰ、生物型Ⅲ和Ⅳ，危害我国烟草的主要是生物型Ⅲ。青枯劳尔氏菌的致病因子主要包括：Ⅱ型分泌系统（T2SS）、Ⅲ型分泌系统（T3SS）、胞外多糖（extracellular polysaccharide, EPS）、胞外蛋白（extracellular protein, EXP）、脂多糖（lipopolysaccharides, LPS）等。青枯劳尔氏菌寄主广泛，可侵染44个科300多种植物，以茄科中的寄主种类最多，不对禾本科植物产生危害。

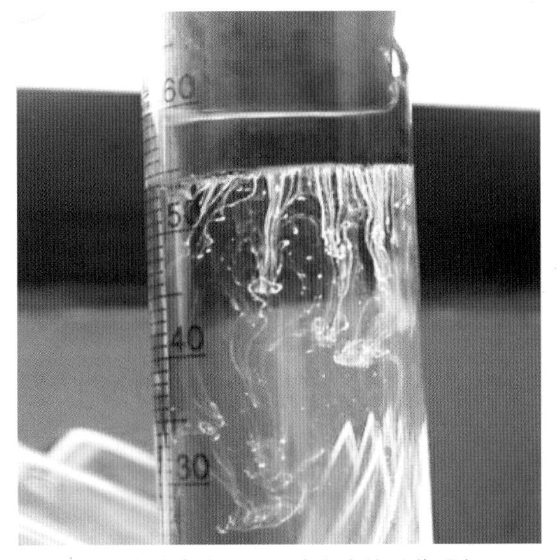

烟草青枯病茎秆置于清水中的溢菌现象

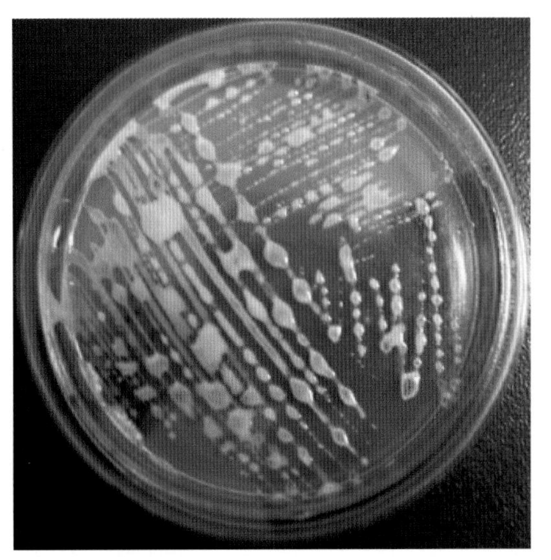
TZC培养基上烟草青枯病菌培养形态

【发生规律】青枯劳尔氏菌是一种土壤习居菌，主要在土壤中或随病残体遗落在土壤中越冬，亦能在田间寄主体内及根际越冬。可随病苗、病残体及土壤传播，形成初侵染，再以灌溉水、雨水、病苗、肥料、农具、病土及人畜活动进行传播，从寄主根部伤口侵入致病，完成再侵染。病田流水是病害再侵染和传播的最重要方式，田块间雨水或灌溉水串流可导致新植烟田块感染青枯病。烟草青枯病是高温高湿型病害，实际生产中，高温多雨的季节，烟株也正处在旺长期和成熟期，此时植株迅速生长，抗病性降低，有利于病菌在烟株体内迅速传导扩展，造成染病植株快速死亡。另外，地势低洼，黏重、偏酸性土质的烟田发病重。

【防治方法】（1）利用抗（耐）病品种：这是控制青枯病发生与流行最经济、有效的途径。但抗青枯病品种大多数品质都不甚理想，且抗病品种往往在最初几年表现抗病，随着种植年限延长，抗性逐渐丧失。（2）合理的农业栽培措施：培育无病壮苗；合理轮作，轮作作物可采用豇豆、绿豆等豆科作物及禾本科作物等，实行“稻→稻→烟”的隔年轮作。适当增施磷、钾肥，对土壤偏酸性的烟区，在栽烟前施用适量生石灰或白云石粉调整土壤酸碱度，青枯病可明显减轻。起高垄，完善排灌设施，避免田间积水。（3）药剂防治：虽然目前对青枯病防治尚缺乏有效药剂，但施用药剂进行辅助防治，可以推迟青枯病发病高峰期，减轻青枯病发病程度。通常将抗生素与铜制剂混用来提高药效，可将荧光假单胞菌或多黏类芽孢杆菌苗床浇泼或者移栽时穴施，或采用20%噻菌铜悬浮剂500 ～ 700倍液于团棵期到烟草旺长期灌根，每株50 ～ 100 mL，每隔10 d 处理1次，共2 ～ 3次，均有一定防效。适时施药可显著提高药效，每一次施药时间应根据当地历年该病发生情况而定，掌握在始病前后7 d，往年发病较重的田块可在移栽时结合淋定根水加施1次。此外，施药时土壤湿润有利于提高药效。

02 烟草野火病

烟草野火病是世界各烟草产区普遍发生的一种重要细菌性病害，美国、澳大利亚、哥伦比亚、阿根廷、巴西、加拿大、法国、俄罗斯、中非及中国等多个国家均有发生。该病害在我国各烟区均有发生，主要危害烟草叶片，在中后期危害较大，严重影响烟草的品质和产量。

【症状】烟草苗期和大田期均可发生，主要危害叶片，也危害茎、蒴果和萼片等。幼苗受害腐烂可造成大片死苗；叶片发病初期为淡黄色晕斑，随后病斑中心产生褐色坏死小圆点，周围有典型的黄色晕圈，以后病斑逐渐扩大，直径可达1 ～ 2 cm。严重时病斑愈合后形成不规则大斑，上有不规则轮纹；茎上发病后产生长梭形病斑，初呈水渍状，后渐变褐色，周围晕圈不明显，略有下陷。在多雨潮湿天气，病斑扩展速度快，多个病斑愈合形成不规则的褐色大斑，外围有黄色较宽的晕圈，后期病斑破裂穿孔；在暴雨和晴天交替天气下，田间病害可迅速扩散蔓延，导致全田绝产。

烟草野火病初期病斑及黄色晕圈

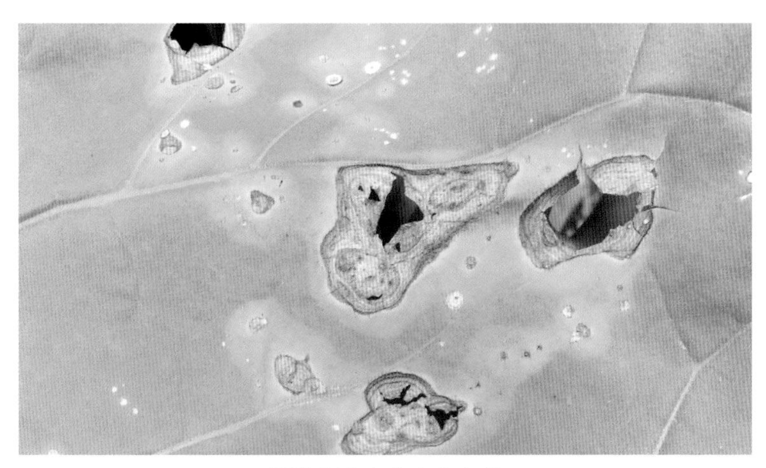

烟草野火病病斑愈合状

烟草野火病茎部病斑

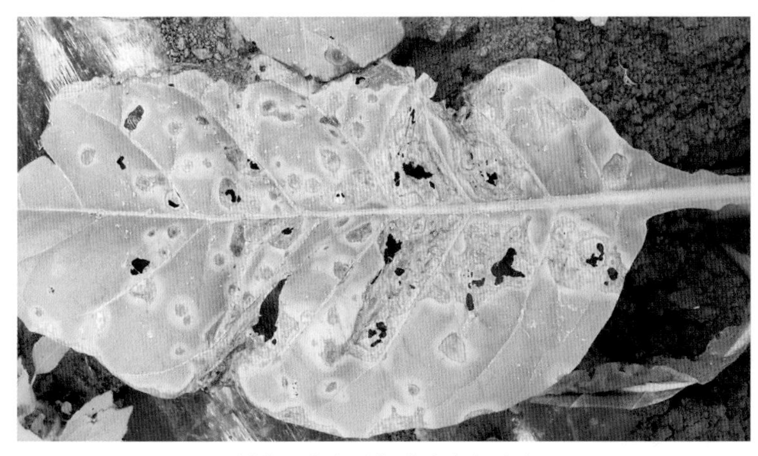

烟草野火病后期叶片病斑破碎

烟草野火病团棵期（上）和成熟期（下）症状

烟草野火病大田症状

【病原】病原菌是假单胞菌属丁香假单胞菌烟草致病变种（*Pseudomonas syringae* pv. *tabaci*）。病原菌革兰氏染色反应呈阴性，菌体短杆状，鞭毛单极生。

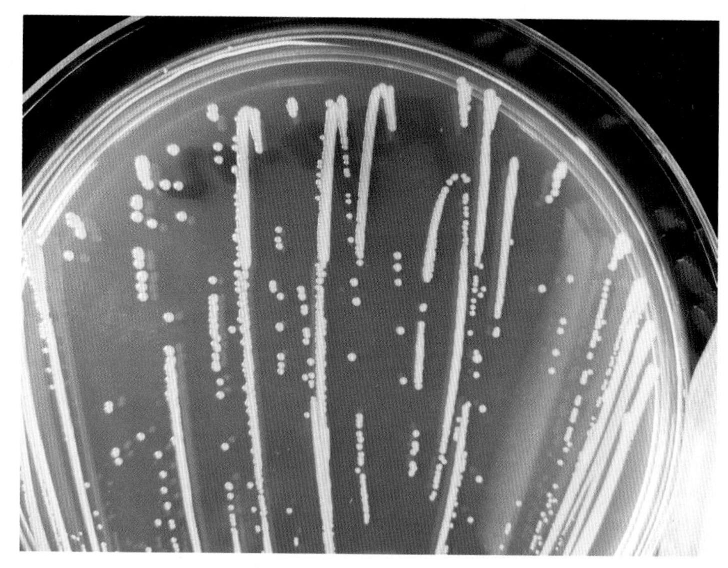

烟草野火病菌培养形态

【发生规律】病菌的主要越冬场所为病残体和土壤，在田间可借风雨传播，从自然孔口或伤口侵入。病害的发生流行程度与温湿度密切相关。野火病发生的适温为28 ~ 32℃，多雨潮湿的天气，病菌可迅速侵入并大量繁殖蔓延，产生急性病斑，导致野火病大流行。烟草连作也有利于野火病的发生，连作年限越长，发病越重。高氮低钾也常导致烟株感病，加快病斑扩展速度，增施磷、钾肥可提高烟株抗病性。

【防治方法】防治野火病应综合利用抗病耐病品种、农业防治和药剂防治等措施。(1) 选用抗病品种：高抗野火病的品种有白肋21、安徽大白梗、达磨和G80。(2) 农业防治：培育壮苗，适期早栽。移栽后，合理施肥灌水，防止后期施氮肥过多，并适当增加磷、钾肥。合理轮作，及时清除病残体。(3) 药剂防治：团棵、旺长期和打顶后于叶片正反面喷1 ∶ 1 ∶ 160波尔多液，预防野火病和其他病害发生。初发生时，可选用如下药剂进行防治：50%氯溴异氰尿酸可溶粉剂有效成分用量450 ~ 600 g/hm^2，57.6%氢氧化铜水分散粒剂1 000 ~ 1 400倍液，77%硫酸铜钙可湿性粉剂400 ~ 600倍液，4%春雷霉素可湿性粉剂600 ~ 800倍液，20%噻菌铜悬浮剂有效成分用量300 ~ 380 g/hm^{2}等。

03 烟草角斑病

烟草角斑病是一种常见的细菌性病害，在我国各烟区分布广泛，尤以黑龙江、吉林、山东等烟区发生较为普遍。该病害具有暴发性、破坏性等特点，常与野火病或赤星病同时发生，流行年份甚至造成烟草绝产。

【症状】烟草各生育期均可发生。团棵期开始出现，以烟草生长中后期发生较重，主要危害叶片，也能侵害茎、花和蒴果。最早发生在底部叶片上，病斑开始为油渍状小点，以后扩大为多角形或不规则形斑，受叶脉限制，病斑边缘明显，深褐色至黑褐色，有时病斑中间颜色不均匀，常呈灰褐色云状纹，病斑较大且可相互联合，形成一个大的角斑区，病斑周围晕圈不明显。叶脉也可受侵染变褐色，沿叶脉扩展形成条斑状。空气湿度大时，病斑表面有胶状菌脓溢出，且病斑较大。空气干燥时，病斑相对小且易破裂脱落，不产生菌脓。

烟草角斑病初期症状

烟草角斑病严重发生症状

【病原】病原菌为假单胞菌属丁香假单胞菌烟草致病变种[*Pseudomonas syringae* pv. *tabaci*（Wolf et Foster.）Young et al.]不产野火毒素菌系，菌体呈杆状，大小为(0.5 ~ 0.6) μm×（1.5 ~ 2.2) μm，革兰氏染色呈阴性，无芽孢，无夹膜，单极生3 ~ 6根鞭毛。

【发生规律】角斑病菌在散落于田间的病残体、杂草枯叶、种子等上越冬，土壤表面或5 ~ 10 cm土层中的病残体都可以成为次年的主要初侵染源。另外，病菌可在稗草、蒲公英、荠菜等杂草根系存活越冬，也能成为初侵染源，但不引起这些杂草发病。病种子也可以带菌越冬，种子带菌率因品种而异。

病菌主要借风、雨、灌溉水或昆虫传播，土壤中的病原细菌经灌溉水或风雨反溅到叶片上，从气孔或伤口侵入，以伤口侵入为主。风雨和农事操作引致叶片相互摩擦或昆虫取食产生的伤口形成再侵染。任何能促使叶片保持湿润的气候条件都有利于该病害的流行。暴风雨后、叶片湿润且伤口多的状态，常暴发该病害。病害发生的适宜温度为25℃以上，28 ~ 32℃的高温条件最有利于病害的发生。气候干燥，相对湿度低，病害不发生或少发生；如果多雨湿度大，使烟叶细胞间充满水分，病菌就可以迅速侵入并繁殖扩展，产生急性病斑，导致病害大流行。

目前，国内生产上的主栽烤烟品种大多不抗角斑病。烟株本身的感病性还与叶龄及部位有关，一般嫩叶比老叶感病。此外，烟地连作，土壤里积累的病残体多，往往发病重；高氮低钾、烟株生长过旺易发病，田间通风差、烟田打顶过早过低也易导致病害发生重。

【防治方法】以预防为主，采取综合防治的措施才能控制其危害。(1）利用耐病品种，目前尚无抗角斑病品种，比较耐病的品种有NC89、K326等。(2）实行合理轮作，合理施肥。烟田尽量不重茬，种植高感的品种更要注意轮作；适量施用氮肥，增施磷、钾肥，增强烟株的抗病力。(3）及时摘除感病底脚叶，保持田间清洁。清除杂草，消除可能来自杂草的菌源。(4）药剂防治参考烟草野火病防治方法。

04 烟草空茎病

烟草空茎病是一种细菌性病害，又名空腔病，最早由Johnson在1914年报道。该病在世界主要烟区均有发生，2010—2014年中国烟草有害生物调查结果显示，我国各烟区均有发病记录。

【症状】苗床期是否发病取决于育苗基质和种子是否带菌，以及育苗大棚内湿度的高低。烟苗发病后首先在接触地面的叶片上表现水渍状症状，其后逐渐蔓延至茎部，导致茎基部腐烂开裂，腐烂部位变黑。

在大田期，空茎病一般发生于生长后期，盛发于打顶和抹杈前后。农事操作或暴风雨造成的伤口有利于病原菌的侵染、发生与流行。空茎病菌可从茎或叶柄上的任何伤口侵入，但最常见的发病过程是从打顶抹扠造成的伤口侵染髓部，从上而下发展，使整个髓部迅速变褐腐烂。发病后若遇干燥气候条件，髓部组织因迅速失水而干枯消失，呈典型“空茎”症状。随着病程的发展，中上部叶片凋萎，叶肉失绿并出现大片褐色斑块。病株髓部腐烂后常伴有恶臭。病原菌亦可从中下部叶片主脉或支脉的伤口侵入，形成的坏死斑沿叶脉或支脉向叶缘扩展进而引起叶片干腐。

烟草空茎病菌从打顶造成的伤口侵入

烟草空茎病茎秆症状

烟草空茎病叶部症状

烟草空茎病植株髓部腐烂后呈中空状

【病原】病原菌是胡萝卜软腐果胶杆菌胡萝卜软腐亚种（*Pectobacterium carotovorum* subsp. *carotovorum*）和胡萝卜软腐果胶杆菌巴西亚种（*P. carotovorum* subsp. *brasiliense*），属于果胶杆菌属；其中胡萝卜软腐果胶杆菌巴西亚种于2015年分离自中国福建邵武烟区，是当时发现的世界上侵染烟草的一个新种。烟草空茎病菌可合成并分泌大量果胶酶和纤维素酶等细胞壁降解酶，降解寄主的胞间层和细胞壁；除此之外，还可分泌效应子扰乱寄主细胞的抗病信号传导和新陈代谢，进而成功寄生并表现症状。

空茎病菌菌体直杆状，大小为（0.5 ~ 1.0）μm×（1.0 ~ 3.0）μm，不形成芽孢，革兰氏染色阴性。多根周生鞭毛，兼性厌氧。适宜生长pH范围为5.3 ~ 9.3，以pH 7.2最为适宜。菌落为灰白至乳白色，圆形光滑略隆起。DNA中（G+C）在4种碱基中占比为50% ~ 58%。最适宜生长温度为27 ~ 30℃，最高温度为37℃，39℃以上生长受到抑制，致死温度为51℃。空茎病菌的寄主范围广，该病菌可浸染61科140种植物，包括蔬菜、观赏植物和水果等。

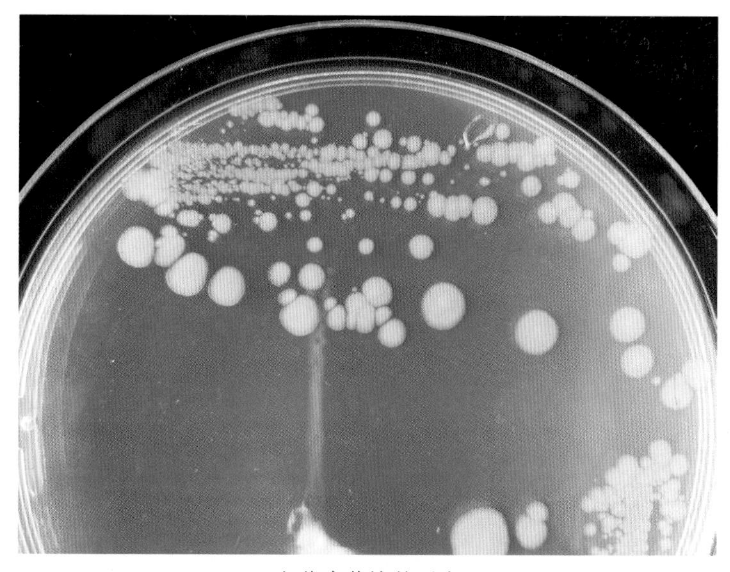

空茎病菌培养形态

【发生规律】空茎病菌的越冬场所为大田寄主、带菌土壤和腐烂的病组织等。病菌在环境中广泛存在，可通过带病种苗进行长距离传播，短距离传播媒介主要包括带菌土壤、水体、空气和昆虫等。

空茎病菌可从气孔、水孔和皮孔等自然孔口和伤口侵入，但以伤口侵入为主。影响烟草空茎病发生与流行的主要因子是降水量及持续降水的时间。降水多，持续降水时间长，病害发生早且重；雨天打顶、抹杈的烟田发病较重。

【防治方法】以搞好田间卫生，加强农业防治为主。(1) 严格控制育苗基质消毒和育苗大棚内的湿度。(2) 加强大田栽培管理，施用充分腐熟的有机肥，降低病原菌侵染的风险；疏通排水沟渠，保持雨后田间无积水；烟株发病后及时拔除并带出田间彻底销毁。

(3) 农事操作应在晴天露水干后进行，其中打顶和抹杈应尽可能使伤口光滑平整并避免打顶工具的交叉使用，以促进伤口愈合并降低交叉感染的概率；为减少抹杈造成的伤口，可推广使用抑芽剂抑芽。(4) 在烟叶成熟采收期，用80%乙蒜素乳油1 000倍液或其他防治细菌病害的农药喷施1 ～ 2次，可减轻病害的发生。

05 烟草细菌性叶斑病

烟草细菌性叶斑病于1993年在吉林省个别烟区发生，在国内外属首次报道。烟草生长中后期主要危害烟草叶片，该病害为次要病害，仅零星发生。

【症状】一般在旺长后期逐渐发生，成熟期发病较重。病斑在叶脉间发生，初期为圆形、黄褐色，后扩大成不规则形褐色病斑。天气潮湿时病斑呈黑褐色并软化腐败。后期病斑可融合成大面积坏死。病斑常脱落形成穿孔，使叶片破烂不堪。

烟草细菌性叶斑病症状

烟草细菌性叶斑病症状

【病原】病原菌为野油菜黄单胞菌疱病致病变种[*Xanthomonas campestris* pv. *vesicatoria* (Doidge) Dye]，现在被重新立为新种*X. euvesicatoria*。菌体杆状，大小为（0.4 ~ 0.6）μm×（1.0 ~ 1.8）μm，1根极生鞭毛，革兰氏染色阴性，无荚膜，无芽孢，好气性。在营养肉汁琼脂培养基上菌落黄色，圆形，半透明，有光泽，表面稍凸起，边缘整齐。在肉汁胨液体中生长中等，云雾状，底部有黄色沉淀。在马铃薯块茎上生长中等，枯黄色。费美液中生长中等，孔氏液中不生长。生长适温为30℃，36℃能生长，39℃不能生长。

除危害烟草外，还能危害番茄和辣椒，但不能危害大豆、白菜、萝卜和菜豆。

【发生规律】气候温暖、雨水多、湿度大有利于发病，暴风雨后也容易发病。

【防治方法】（1）清除病残体、深埋、轮作可减轻病害。（2）发病初期喷1 ：1 ：200波尔多液。

06 烟草剑叶病

烟草剑叶病又称刀叶病，在我国云南、贵州、河南、山东、安徽等烟区偶有发生。

【症状】从苗期至大田成熟期均可发生。发病初期，叶片边缘黄化，后向中脉扩展，严重时整个叶脉都变为黄色，侧脉则保持暗绿色、网状。叶片只有中脉伸长形成狭长剑状叶片。植株顶端的生长受到抑制，呈现矮化或丛枝状，根部常变粗、稍短。植株的下部叶片有时变黄。

烟草剑叶病症状

【病原】目前认为烟草剑叶病是由烟草根际土壤中的蜡状芽孢杆菌（*Bacillus cereus*）分泌的一些有毒物质随着根系吸收水肥而进入烟株体内，而使烟株生理失调。用该菌的培养液刺激烟草后，能产生典型剑叶症状。新近研究发现，异亮氨酸的积累与细菌分泌的毒素破坏了寄主的正常氮素代谢，导致该病害形成剑叶症状。

【发生规律】病原菌可在土壤中长期存活，一般不引起病害。只有在该菌分泌毒素破坏寄主正常代谢、造成异亮氨酸积累达一定量时，才能引致烟草形成剑叶症状。多数认为，土壤潮湿、通气性差、排水不良、土壤盐碱化或氮素缺乏时易发病。土温35℃以上发病重，土温低于21℃症状不明显。土壤板结、整地粗放、排水不良或初开荒的烟田易发病。

【防治方法】(1) 增施有机肥，改良土壤，改善土壤理化性状，提高土壤排水能力，防止烟田积水，发病后补施氮肥可减轻症状。(2) 加强田间管理，干旱年份及时灌溉和追肥。

第四章 CHAPTER4 烟草线虫病害

世界范围内危害烟草的线虫主要有根结线虫（*Meloidogyne* spp.），胞囊线虫（*Heterodera* spp.）和根腐线虫（*Paratylenchus* spp.）三大类，目前我国主要以根结线虫发生的范围广、造成的损失大。线虫对烟草除了造成直接危害外，其危害造成的伤口有利于病原菌的侵染，还可加重烟草黑胫病、烟草青枯病等病害的严重度；有些线虫还是某些病毒的传毒媒介，因此潜在的危害更大，需要引起高度重视。

目前危害我国烟草的根结线虫主要有4种，分别是南方根结线虫（*Meloidogyne incognita*）、爪哇根结线虫（*Meloidogyne javanica*）、花生根结线虫（*Meloidogyne arenaria*）和北方根结线虫（*Meloidogyne hapla*），以南方根结线虫占优势。2010年以来，在云南、四川、湖北、山东等地，爪哇根结线虫、花生根结线虫的比例在上升。1989—1991年第一次侵染性病害调查胞囊线虫仅在山东临朐县和河南襄城县发生，而2010—2014年调查发现，胞囊线虫发生范围明显扩大，并首次鉴定为大豆胞囊线虫（*Heterodera glycines* Ichinohe）。根腐线虫在短体线虫属（*Pratylenchus*）中共发现3个种，其中咖啡短体线虫（*P. coffeae*）和穿刺短体线虫（*P. penetrans*）的平均检出率超过3%，对于短体线虫对我国烟草的危害应予以重视。

另外在烟草根际和土壤中分离出大量其他类线虫，其对烟草的影响还有待深入研究。

01 烟草根结线虫病

烟草根结线虫病在世界主要植烟区均有发生，以热带、亚热带、暖温带发生危害严重。烟草根结线虫在我国云南省发生比较普遍，而在广西、贵州、四川、重庆、湖北、河南、陕西、山东等省份的植烟区局部发生较重。根结线虫可与黑胫病菌、青枯病菌引发复合侵染，加重危害。

【症状】苗床期发病，幼苗根部形成米粒大小的根结。大田生长前期，受害严重的植株矮小，叶片少而且小，严重时下部叶片的叶尖、叶缘褪绿变黄。生长的中后期，中下部叶片褪绿变黄加剧，叶尖和叶缘坏死、焦枯，有的下部叶片整叶干枯、变黑。重病株明显矮化，高温午后有时出现整株萎蔫。前期病株根部形成大小不等的根结，须根明显减少，严重时只残留主根和侧根，似鸡爪状。中后期病根上衰老的大型根结组织常变褐、坏死和腐烂。

根结线虫病大田前期症状

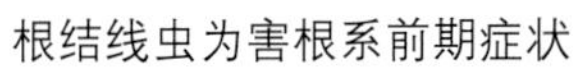

根结线虫为害根系前期症状

根结线虫病整株后期症状

根结线虫危害根系后期症状

【病原】在我国危害烟草的根结线虫为世界上4种最常见的种类，即南方根结线虫（*Meloidogyne incognita*）、花生根结线虫（*M. arenaria*）、爪哇根结线虫（*M. javanica*）和北方根结线虫（*M. hapla*）。

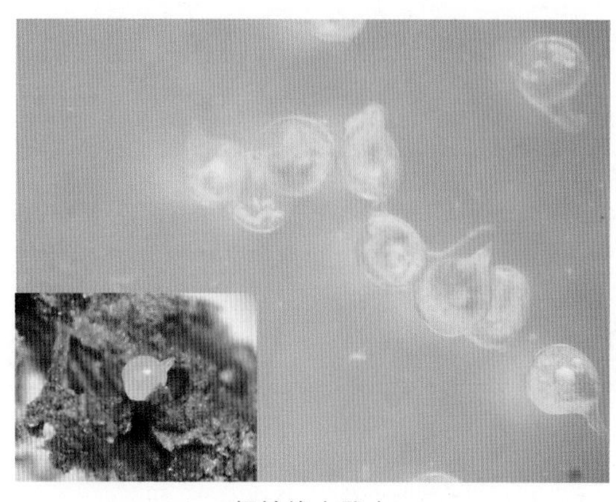

根结线虫雌虫

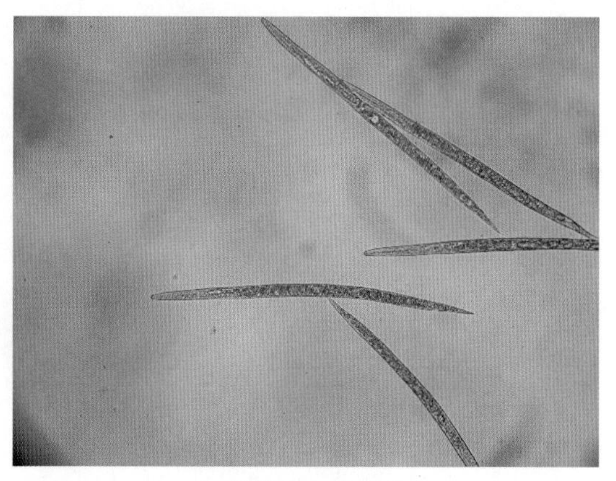

根结线虫二龄雄虫

【发生规律】根结线虫以卵和二龄幼虫在土壤、病残体或病组织内越冬，主要通过土壤和灌溉水、雨水及地表水等传播，还能通过带有线虫的粪肥扩散蔓延。条件适宜时，二龄幼虫孵化并侵入根系。受侵染组织形成巨型细胞，并在根表产生根结。二龄幼虫经过3次蜕皮后，发育为成虫。雄成虫寿命较短，雌虫成熟后产卵。卵产在胶质卵囊中，卵囊突出根结外或埋在根结内。烟草根结线虫每年发生3 ~ 7代不等，不同烟区间存在差异。

烟草品种间抗病性差异很大，其中G28、G80、NC55、NC89、NC95、K326、K346、中烟14、云烟2号、云烟87、豫烟3号等品种表现为高抗或中抗，而红花大金元、NC82等品种表现为感病或高感。感病品种连作发病重，轮作发病轻。通常土壤沙质、瘠薄，温度25 ~ 30℃，土壤相对湿度50%左右，有利于烟草根结线虫病的发生。

【防治方法】(1) 选用抗病品种。(2) 农业防治：主要包括实行3年以上的轮作，水旱轮作最佳，避免与茄科、葫芦科蔬菜和花生等轮作；培育无病壮苗；适时早栽，多施有机肥，合理灌溉。(3) 药剂防治：目前较好的施药方法是移栽时穴施药土法，每667 m^2可采用3%阿维菌素微胶囊剂1 kg，2.5亿个孢子/g厚孢轮枝菌微粒剂1.5 kg或10%噻唑膦颗粒剂1.5 kg，移栽时拌适量细干土穴施。若起垄时沟施，选用上述药剂则应适当增加用药量。

02 烟草胞囊线虫病

烟草胞囊线虫病由Lownsherry于1954年首次报道发生于美国康涅狄格州。目前，烟草胞囊线虫病仅在山东和河南部分烟区零星发生，危害较轻。

【症状】烟草胞囊线虫病在苗期即可发生，一般无明显症状，严重时可造成烟株弱小、叶片发黄。在成株期，病株略有矮化，叶片瘦小、下卷，前端尖细、向下卷曲成钩

烟草胞囊线虫病烟株症状

状。叶缘、叶尖首先发黄，最后几乎整叶黄化，叶尖出现坏死。受害根系分杈较多，着生小米粒大小的白色或黄色球形颗粒（胞囊线虫的雌虫）。部分受侵染根系出现褐色坏死，最后整条根腐烂、干枯。枯死根上常常留有黑褐色的球形颗粒（胞囊线虫的胞囊）或颗粒脱落后呈现的坑穴。

烟草胞囊线虫病叶片症状

【病原】在我国危害烟草的胞囊线虫为大豆胞囊线虫（*Heterodera glycines*），不同于欧美烟草上的种类（欧美烟草胞囊线虫病的病原为烟草球胞囊线虫*Globodera tabacum*复合种，包括*Globodera tabacum solanacearum*、*Globodera tabacum tabacum*和*Globodera tabacum virginiae* 3个亚种）。初步研究表明，在我国侵染烟草和大豆的大豆胞囊线虫在致病性上存在较大差异，可能属于不同的生理分化类型。

烟草根系上的胞囊线虫雌虫

枯死烟根及其留有的褐色胞囊和坑穴

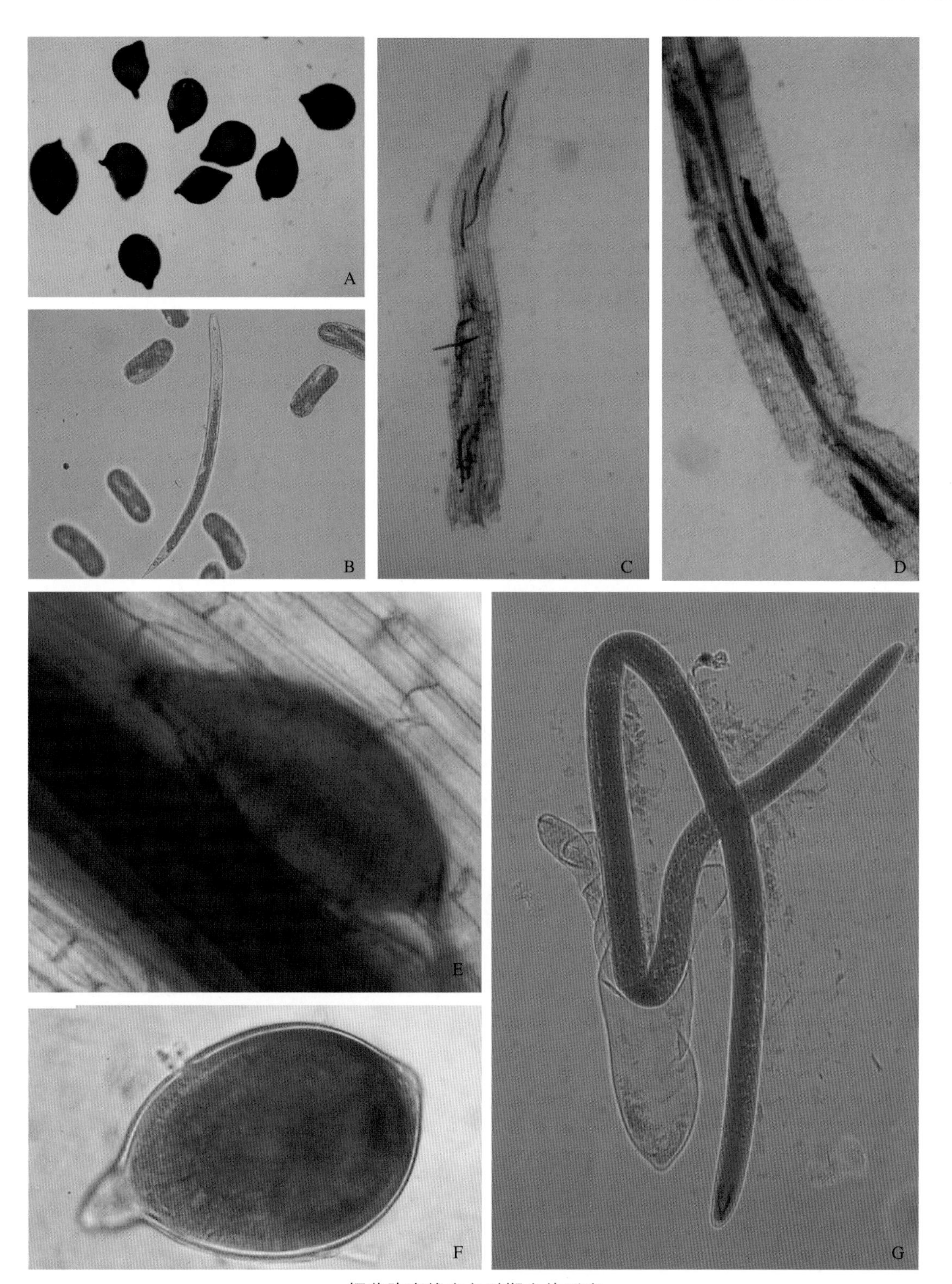

烟草胞囊线虫各时期虫体形态

A.胞囊　B.卵和二龄幼虫　C.侵入根系的二龄幼虫　D.三龄幼虫　E.四龄幼虫　F.年轻雌虫　G.雄虫

【发生规律】胞囊线虫以胞囊在土壤中越冬，主要通过土壤、流水和带有线虫的粪肥传播。翌年4月二龄幼虫孵化进入土壤，于5月中旬侵染根系。受侵染根系组织形成合胞体。二龄幼虫经过3次蜕皮后，发育为成虫。雄成虫寿命较短，交配后很快死去。雌虫虫体膨大，突出根表，初为乳白色，后变为淡黄色，成熟产卵后死去，角质层加厚，颜色加深为褐色至黑褐色，虫体变为胞囊。烟草胞囊线虫每年可以发生4代，世代历期22 ~ 35 d（平均27 d），但第四代发生不完全。通常5月下旬开始发病，6 ~ 7月为发病盛期，进入8月后侵染很少。

沙土、沙壤土烟田及连作烟田发病重。日平均气温25℃和适宜的土壤湿度有利于烟草胞囊线虫的发生，而高温高湿及生长后期的烟草根系极不利于其侵染。

【防治方法】(1) 降低越冬病原基数，烟叶采收结束后及时将植株拔出带到田外集中处理，可有效降低土壤中胞囊的数量。(2) 农业防治主要包括实行5年以上的轮作，提倡水旱轮作，切忌与大豆轮作，合理灌溉、避免土壤干旱。(3) 发生严重时，于烟草移植时和5月中旬对土壤进行药剂处理，能在一定程度上抑制初侵染，选用的药剂参考烟草根结线虫病。

03 烟草根腐线虫病

烟草根腐线虫主要分布于温带地区。迁移性内寄生，寄主范围广。该线虫除了自身寄生危害之外，由于口针强大，取食植物所形成的伤口又会成为黑胫病菌、青枯病菌等多种植物病原菌的侵入门户，且本身常携带病原菌，所以常对植物根系造成很大的伤害，造成根系的腐烂，因此，这类线虫俗称根腐类线虫。目前，在我国云南、贵州、河南、山东等多个烟区的烟田土壤中均分离到根腐线虫，但田间总体危害小。

【症状】该线虫侵入寄主根部皮层后，皮层细胞崩溃，病部坏死；地上部分矮化，叶片褪绿。

【病原】由穿刺短体线虫（*Pratylenchus penetrans*）引起。

雌虫：温和热杀死后虫体呈直形。表皮纹纤细，侧区具4条侧线，侧线不延至尾端，截止于尾的中部。头骨架发达,口针强壮，口针基球为宽圆形。背食道腺开口距口针基球2.1 μm，中食道球近圆形。排泄孔位于食道与肠交界处的后方或同一水平线上，半月体紧挨在排泄孔的前方。前生单卵巢，卵母细胞单行排列。尾锥形，尾端圆形无纹，尾端表皮略有加厚，侧尾腺孔位于尾的中后部。

雄虫：常见，体长略短于雌虫，前部形态与雌虫相似。侧区4条侧线一直延伸至交合伞处。交合刺纤细，长约15.8 μm，引带简单，交合伞较大，边缘呈不规则锯齿状，侧尾腺孔位于尾的中部。

【发生规律】穿刺短体线虫以卵、成虫或幼虫在土壤或病残体内越冬，成虫或幼虫一般在无取食寄主植物存在的条件下至少存活4个月。成虫和幼虫均可侵入寄主表皮细胞，自由出入根系内外。线虫多从须根系侵入，多数聚集于根的伸长区，也可侵染侧根。通过口针刺破根表皮细胞进入根内，一旦1条线虫进入表皮细胞，多条线虫可以由此伤口进入根内聚集并取食相邻寄主组织，导致大量根表细胞死亡。雌虫产卵于根内或根表，每头雌虫产卵期约3 d，每天产1枚卵。幼虫为4个龄期，幼虫期2 ~ 3个月。线虫主要通过土壤、苗木和水流传播。

穿刺短体线虫主要分布于30 cm以上的土壤中，高温高湿利于其生长和繁殖；适宜生存的土壤pH为5.0 ~ 6.5；沙质土壤比黏质土壤发生重。

【防治方法】(1) 加强栽培管理，促进根系发育。(2) 育苗土消毒，保证育苗期免受侵染。(3) 由于该病发生较轻，大田期间一般不需防治。

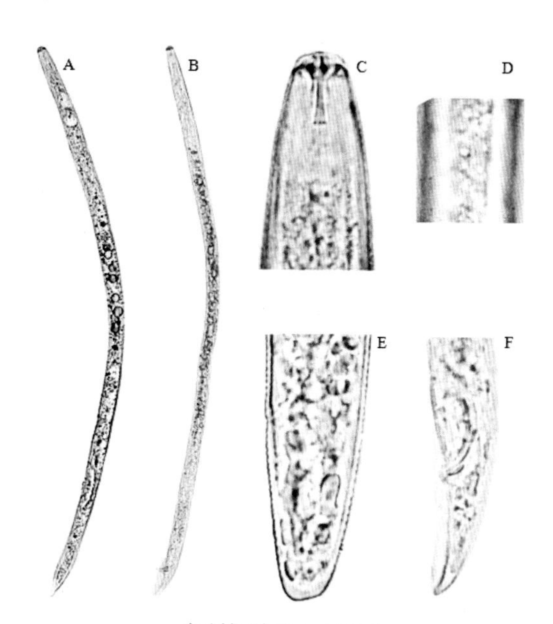

穿刺短体线虫的形态
A.雌虫 B.雄虫 C.雌虫前体部 D.侧区
E.雌虫尾部 F.雄虫尾部

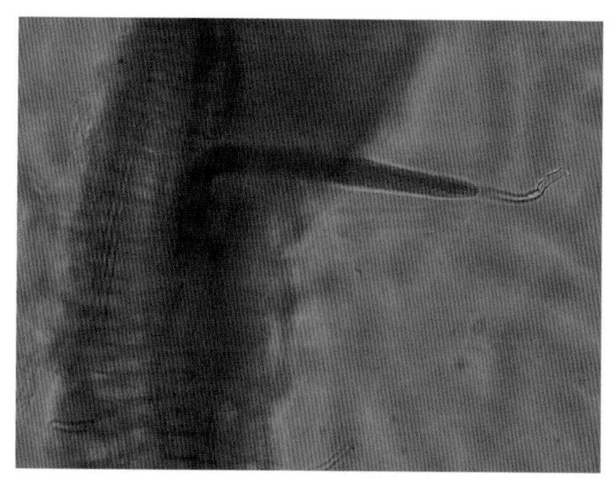

穿刺短体线虫进出根部取食

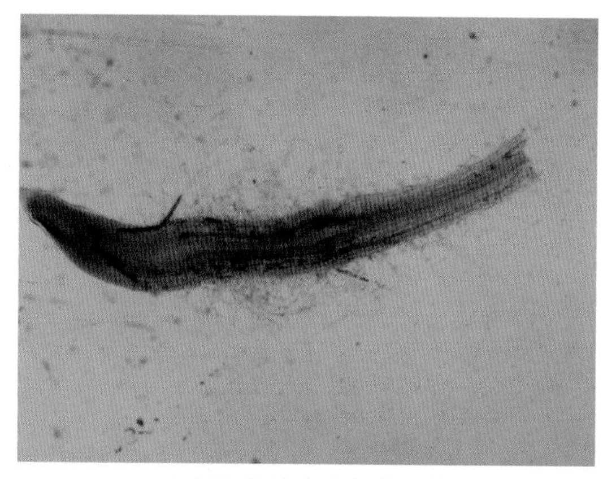

穿刺短体线虫在根内聚集

第五章 烟草寄生性种子植物

CHAPTER5

有少数种子植物根系退化或没有叶绿素，不能制造养料，只能寄生在其他植物的枝干或根上摄取营养物质和水分而生存，从而引起植物病害，这类种子植物叫寄生性种子植物。根据对寄主的依赖程度可分为全寄生性种子植物和半寄生性种子植物两大类。全寄生性种子植物，无叶片或叶片退化，无光合作用能力，其导管和筛管与寄主植物的导管和筛管相通，可从寄主植物体内吸收水、无机盐、有机营养物质进行新陈代谢。半寄生性植物，有正常的茎、叶，营养器官中含有叶绿素，能进行光合作用、制造营养物质，同时又能产生吸器从寄主体内吸取水和无机盐类。

我国烟草寄生性种子植物主要有菟丝子和列当两类，均属于全寄生性种子植物。菟丝子主要有中国菟丝子（*Cuscuta chinensis*）、日本菟丝子（*C. japonica*）和田野菟丝子（*C. campestris*）3种，除本身对植物有害外，还能传播植原体和病毒，如烟草丛枝病。在我国河南、四川、山东、安徽、辽宁、吉林、黑龙江等省份都有菟丝子发生，但危害不严重。列当（*Orobanche* spp.）寄生烟草后，导致烟株营养不良，产量、质量明显降低，大发生时可造成绝收。我国东北、华北和西北烟区局部发生，其中以辽宁西部和内蒙古东部烟区受害较重。据吴元华等2011年报道，辽宁西部烟区个别烟株上寄生列当可达百余株，烟田发生面积达800 hm^2，绝收面积达60 hm^2，且危害仍呈上升趋势。

01 列　当

列当又称独根草、毒根草，是侵染烟草的寄生性种子植物中最重要的一类，广泛分布于世界各烟区。在我国，列当主要分布在西北地区，如新疆、甘肃、陕西等，以新疆发生较为普遍且严重，尤以黄花烟上发生较多。少数分布在我国东北部及北部，如辽宁、黑龙江、内蒙古及河北等，2010年以来调查表明辽宁辽西地区列当危害严重。列当寄生烟草后，产量下降可达50%左右，烟叶油分明显降低，烟叶品质也随之降低，经济价值降低达70%以上。在个别严重地块，甚至造成烟叶绝产绝收。不仅给烟农造成了经济损失，同时也对整个烟草行业产生严重影响。

【症状】列当寄生烟株后，烟株叶片尖部边缘出现坏死的斑点，发生严重时，平均每株上可寄生几十棵列当，造成烟株矮化、烟叶萎蔫和黄化早熟，类似缺素症状。烟叶品质下降，严重时叶片变薄、破碎，毫无利用价值。染病烟株根部可见肉质的白色、黄色至紫色的列当。

烟田列当为害状

列当寄生烟株根系

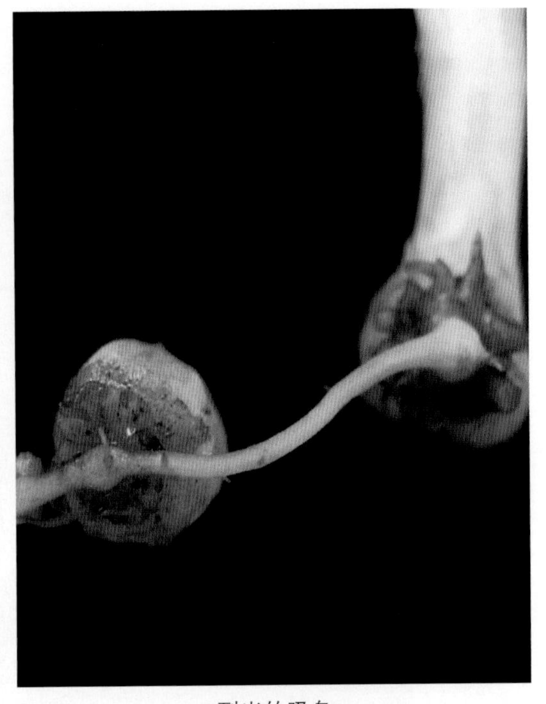
列当的吸盘

【形态特征】我国已知有3种列当寄生烟草：向日葵列当（*Orobanche cumana*）、瓜列当（*O. aegyptica*）和分枝列当（*O. ramosa*）。最常见的是向日葵列当，属于列当科列当属。茎直立，单生，肉质，被细毛，淡黄色至紫褐色，高度不等，最高约40 cm。全株缺叶绿素，营全寄生生活。没有真正的根，叶退化成鳞片状，小而无柄，螺旋状排列在茎秆上。花两性，左右对称，排列成紧密的穗状花序。花淡蓝紫色，筒状，较小，数量20 ~ 50个；植株由下而上开花结实。果实为蒴果，卵球形或椭圆形，2瓣开裂。种子小，长约0.3 ~ 0.8 mm，数量多，每个蒴果含种子200 ~ 2 000枚，种子形状不规则，略呈近卵形，幼嫩种子为黄色、柔软，成熟种子为黑褐色，坚硬，表面有较规则的网纹，内有规则小网眼。主要寄生于向日葵、烟草、苍耳、芹菜、胡萝卜等，不能寄生玉米、小麦、高粱、红三叶草、白三叶草、苜蓿及苘麻等作物及杂草。

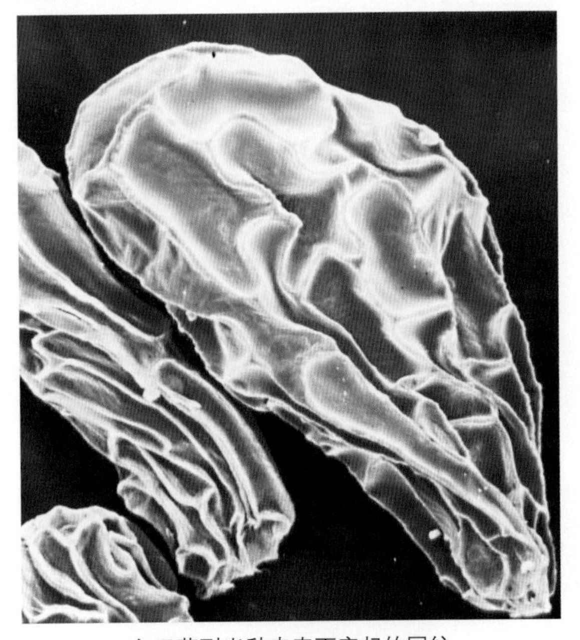
向日葵列当种皮表面突起的网纹

列当形态特征

【发生规律】列当以种子在土壤中越冬，种子生活力极强。散落在土壤中的列当种子经过休眠后，在适宜温湿度下经寄主植物根系分泌物的刺激才能发芽。在没有萌发所需根系分泌物的刺激时，列当种子在土壤中可存活10年以上。列当种子量多，极小，像粉尘，成熟种子落入土壤中传播危害，也易黏附在果实及种子或根茬上传播，还能借风雨、人畜、农具以及混杂于寄主种子中进行传播。土壤中在寄主烟株根部附近的列当种子萌发并长出芽管，芽管接触烟株根部后，在接触区不断进行细胞分裂和扩大，形成巨大的瘤状结构，进而形成列当的吸盘，从烟株中吸收自身生长所需的所有营养。

【防治方法】(1) 加强检疫，防止列当传播蔓延。(2) 与高粱、三叶草、苜蓿等一些能够刺激列当种子发芽但又不受列当侵害的植物进行合理轮作。(3) 及时拔除或铲除寄生在烟株上的列当，并将其烧毁或深埋。(4) 在列当顶芽上滴稀释后的草甘膦2 ~ 3滴，滴药2 ~ 4 d后列当芽可被杀死。因草甘膦为灭生性除草剂，所以在施用过程中避免药剂与烟株接触，以免产生药害。(5) 使用硝酸钾溶液灌根追肥，缓解烟株受害症状。(6) 在烟田休闲期进行深耕细耙。

02 菟丝子

烟草苗床期和大田期均可受到菟丝子的危害，但总体危害较轻，我国河南、四川、山东、安徽、辽宁、吉林、黑龙江等省烟区有菟丝子寄生烟草的记载。

【症状】菟丝子在烟草苗期和成株期均可寄生并对烟草产生危害。烟苗受害时，可发现有很多黄色藤状细丝缠绕烟苗，有时连续缠绕相互交织，可以使烟苗连绕在一起而倒伏，这会使烟苗弱小、成活率低。成株期主要是黄色藤状细丝攀绕茎部和叶柄，导致受害植株矮化以及叶片变小、发黄，严重影响烟叶质量和产量。

烟田菟丝子为害状

烟田菟丝子为害状

【形态特征】危害我国烟草的主要为中国菟丝子（*Cuscuta chinensis* Lam.）、田野菟丝子（*C. compestris*）和日本菟丝子（*C. japanica*），皆为寄生性种子植物，属旋花科菟丝子属。茎黄色或黄白色，纤细，粗约1 μm；无叶片，有花，黄白色，小，簇生，花柱2个，柱头球状；蒴果球形，种子2 ~ 4个；种子卵形或南瓜籽形，淡黄褐色至褐色，表面粗糙，有白霜状凸起，长约1 μm，每株种子可达3 000余粒。

【发生规律】菟丝子开花结实后种子脱落于土壤，来年再引起危害或混杂于种子间随种子传播。菟丝子种子可在土壤中存活5 ~ 8年。菟丝子种子在适宜条件下发芽，种胚一端形成无色或黄白色细丝，以棍棒状的粗大部分固定在土粒上，另一端也形成细丝状幼芽，这种幼芽在空中来回旋转，遇到适宜寄主即可缠绕其上并形成吸根吸取寄主的水分和营养，固定在土粒上的膨大部分枯萎死亡。菟丝子茎继续快速延伸生长，四处寻找并攀附缠绕寄主然后生出吸根侵入寄主。

【防治方法】(1) 合理轮作：与禾本科等不易遭受菟丝子危害的作物轮作。(2) 种子精选：采种田彻底清除菟丝子，单打单收以免混杂。(3) 剔除病株：田间发现菟丝子后应立即摘除病株，进行深埋或烧毁。(4) 药剂防治：发生严重时可用仲丁灵等药剂防治。

第六章 烟草非侵染性病害

CHAPTER6

非侵染性病害，是由不适宜的物理、化学等非生物环境因素直接或间接引起的植物病害，无传染性。我国烟田发生的非侵染性病害主要包括烟草气候性斑点病、烟草冻害或冷害、烟草旱害或涝害、烟草冰雹灾害、烟草营养失调引起的毒害或缺素症，以及外源化学品引起的药害。

烟草非侵染性病害种类多，病状复杂，和其他病害症状有类似性，如雷击可能和黑胫病有类似的症状，气候性斑点病与很多叶斑病症状类似。非侵染性病害的发生特点主要有：发病植株上无任何病征，也分离不到病原物；是一种大面积同时发生同一症状的病害；无明显的发病中心，无逐步传染扩散的现象。对非侵染性病害的诊断应认真分析，详细了解前茬作物、施肥、外源化学品的使用情况、近期气候情况等，必要时应做相应的实验室检测。

非侵染性病害的防控应以预防为主。烟草种植应选择适宜的区域，选择光热条件最适宜的季节。烟田选择要做到前作适宜、设施配套、排灌方便。栽培过程中要注意平衡施肥，选择使用适宜的化肥、农药等外源化学品。在需要施用农药时，应认真阅读使用说明，严格规范使用，确保施药人员及烟草作物的安全。

01 烟草气候性斑点病

烟草气候性斑点病在世界各植烟国均有发生，我国于20世纪80年代末推广种植美国品种G140、NC89、K326等之后开始发生，并迅速成为烟草生产上的主要病害之一。在云南、河南、福建、广东、山东和广西等省份发生危害较重，影响烟叶的产量和品质。

【症状】一般发生于烟草团棵期至旺长后期的中下部叶片上，在采收期的中上部叶片也时有发生，而且病害仅发生于某一部位的叶片上。病斑有白斑、褐斑、尘灰斑等多种类型。感染叶片初期出现密集的水渍状小斑点，直径1 ~ 3 mm，斑点多集中在叶尖和侧脉两侧，在2 d内病斑从褐色变成灰色或白色，病斑中心坏死下塌，边缘组织褪绿，是全国各烟区发生最普遍的白斑症状类型。褐斑型斑点较大，呈浅褐色或红褐色，不规则，多集中出现在叶缘或叶片前半部。尘灰斑型叶片灰褐色，严重时叶片枯焦状，与红蜘蛛危害症状相似。无论何种类型，病斑均不透明，也无黑点或霉状物。

烟草气候性斑点病初期症状

烟草气候性斑点病褐斑型症状

烟草气候性斑点病尘灰斑型症状

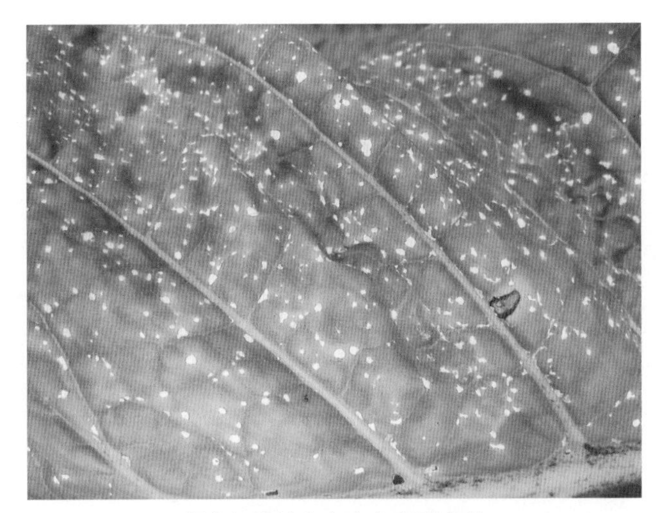

烟草气候性斑点病白斑型症状

烟草气候性斑点病环斑型症状

【发生原因】该病是一种非侵染性叶斑病害，以大气中臭氧为主要污染物所致。另外，二氧化硫、氮氧化物等气体和臭氧、过氧硝酸乙酰酯等气体单一或复合污染也可引发该病，且臭氧与二氧化硫复合污染有协同作用。

【发生规律】烟草品种对该病的抗性有很大差异，国外引进品种如K326、G28、G80等普遍发病较重，国内烤烟品种云烟87和云烟85在河南省发生气候性斑点病较严重。烟株处于快速生长的时期最易感病，病斑通常首先出现在团棵期和旺长期烟株下部正在扩展的叶片的叶尖部分，并随着叶片生理成熟的叶位上移，发病叶位相应升到腰叶，顶部嫩叶和过熟的底脚叶一般很少发病，发病时期和病情程度分别与降温强度及晴雨骤变程度关系密切。若遇到连续低温，多雨、日照少、土壤水分含量高，烟草叶片细胞间隙充满水分，气孔张开，雨后骤晴等情况，病害有可能大发生。雷阵雨天发病也严重。另外，土壤湿度高，磷、钾肥不足，氮肥偏多时，烟株发病较重。烟株感染烟草普通花叶病毒、烟草蚀纹病毒或马铃薯Y病毒等病毒后，也可加重气候性斑点病的发生程度。

【防治方法】(1) 选用抗病、耐病品种，如中烟100、红花大金元、云烟2号、豫烟6号和豫烟7号等。(2) 适当控制氮肥用量，增施磷、钾肥，提高烟株抗病的能力。(3) 采用下列药剂可在一定程度上减轻发病程度，从团棵期起可用1 ∶ 1 ∶ 200波尔多液、80%代森锰锌可湿性粉剂600倍液、80%代森锌可湿性粉剂600倍液喷雾，每7 ~ 10 d喷1次，连喷2 ~ 3次。加拿大报道用乙撑双脲（EDU）三次叶面喷施（3.36 kg/hm^2）的预防效果可达90%以上。

02 烟草日灼病

烟草日灼病是一种生理性病害，在我国主要发生在中南部烟区，一般发生在6月中旬至7月下旬。叶片发生日灼后，受害严重的叶片采收前就已失去使用价值，受害较轻的叶片调制后也极易出现焦叶、花斑等，严重影响烟叶等级和质量。

【症状】烟草日灼病多发生在中上部叶片受阳光直射的部位，灼伤部分的叶片先萎蔫，再青枯似水烫状，然后褪绿呈黄白色斑块，并逐渐转红褐色枯焦状，随斑块的扩大连片，受伤叶片弯曲变形，甚至破碎穿孔，受害严重的烟田呈现火烧状。

烟草日灼病叶片症状

【发生原因】(1) 太阳辐射强度大，环境温度高、湿度小，叶片蒸腾作用强，而烟草叶片水分补充不足，造成叶片水分严重亏缺，导致局部叶片细胞直接损伤、坏死，出现日灼现象。(2) 太阳辐射强度大，环境温度高、湿度大，叶片蒸腾作用弱，导致叶片温度高而使叶片细胞损伤、坏死，出现日灼现象，此现象一般出现在连续阴雨天气突然转晴的情况下。

烟草日灼病大田症状

【防治方法】(1) 种植抗日灼能力强的烟草品种。(2) 加强水分管理，干旱时及时浇水，为叶片补充水分；连续阴雨且雨量较大时，及时进行烟田排水，遇高温天气时可进行叶面喷水降温。(3) 平衡施肥，增施有机肥，合理使用氮肥，均衡氮、磷、钾配比，切忌氮肥施用过量。(4) 通过规范栽培、科学管理等措施，培育健壮烟株，增强抗日灼能力。

烟草日灼病发生后，应及时采取对应措施进行补救，干旱天气出现的日灼应及时浇水；连阴雨后出现的日灼应及时叶面喷施磷酸二氢钾等叶面肥，浇水或叶面喷肥应避开中午高温时段。

03 烟草冷害

烟草冷害由低温伤害造成，多发生在苗床期或大田移栽初期。

【症状】受害的烟草叶片初呈水渍状，叶面凹凸不平、黄化。叶缘向上卷曲，类似猫耳朵，茎部症状表现为表皮收缩，然后水渍状逐渐干缩，变褐而干枯。

【发生原因】烟草冷害是指0℃以上低温对植株产生的伤害。烟草本身是一种喜光喜温的植物，苗期很容易受到冷害，苗期最适宜温度一般在18℃左右，在十字期前能耐0～1℃的低温，十字期后0℃的低温就可使幼苗叶肉组织及表皮受害，代谢平衡受到干扰，光合作用减弱，造成叶片失绿、萎蔫，甚至死亡。

【防治方法】(1) 烟苗在移栽前一周内要进行炼苗，使其逐渐适应外界环境。(2) 培育壮苗，防止烟苗徒长，提高抗冻能力。(3) 关注气象预报，特别是夜间的风雪情况，加强苗床的保温管理。(4) 适时移栽。(5) 平衡施肥，适量增施有机肥和磷、钾肥，提高烟苗的抗冻能力。(6) 北方烟区，早春气温低，采用地膜覆盖保温栽培。

烟草冷害症状

04 烟草雹害

冰雹是一种局部性的农业气象灾害，来势猛、强度大，一般伴有狂风，常给局部地区的农作物带来一定的损失。烟株所处的生育阶段不同，造成的烟叶损失程度差异很大。前期受害，损失较轻；后期受害，常造成产量、质量下降，甚至绝产。

【症状】烟株遭受冰雹袭击后可导致不同程度的机械损伤，轻者叶片形成孔洞，重者叶片被砸成碎片，或叶片从茎上部被砸落，甚至茎秆一并被砸断。

成熟期烟田冰雹灾害（下图贾爱军提供）

团棵期烟田冰雹灾害（康俊提供）

【发生原因】冰雹，是离地面几百米高空的对流层在一定温度（10℃）下，积雨云上升凝成冰核，然后下滑，强气流又随之上升，在此反复7～8次，最后因冰核体积过大气流承受不住，而落到地面形成。

【防治方法】在受灾后及时采取适当补救措施，减少灾害所造成的损失。雹灾后应立即清除田间的断茎、碎叶。烟叶破损严重的，根据烟株生育期在烟株适当位置上选留一个未受害杈芽，使之长成杈烟；进行浅中耕除草，适当追肥浇水，加强田间管理，尽量减少损失。

05 烟草旱害

烟草旱害是烟叶生产过程中重要的气象灾害之一，各烟区时有发生，是烟叶生产的严重障碍。

【症状】在烟草生长中后期，若遇长期干旱，土壤水分亏缺，导致植株出现萎蔫，叶色变黄，叶边干枯，叶片比正常叶片竖直，上部叶片尤为明显。接近生长末期还未成熟的叶片，有时在叶脉间会发生许多大而红褐色的斑块，称为旱斑。病斑周围有黄色带环绕，黄带外缘渐次转为正常绿色。病斑数量多时连接成大且不规则的斑块，叶缘向下弯而死亡。

【发生原因】旱害是烟草因长时间干旱又未及时灌溉所引起的伤害。其发生的原因主要是在土壤或大气干旱的条件下植物水分平衡遭到破坏。一般而言，各烟区以冬旱和春旱的发生频率最高，夏旱也偶有发生，所以在烟草整个生产季都应做好防旱抗旱工作。

烟草旱害田间症状

【防治方法】在干旱地区应选种抗旱性强的品种，平衡施肥，出现旱情及时灌溉。有条件的烟区可采用水肥一体化方式加强水肥管理。

06 烟草涝害

田间积水或土壤含水量过高对作物的危害，称为涝害。烟草是耐积水性较差的作物，烟田积水时间超过24 h，烟株根系就会死亡，还会引起黑胫病、青枯病等根茎类病害暴发，损失颇重。

【症状】降雨引起烟田积水，烟株会突然萎蔫。水淹后，由于根系的活力降低，吸收水分减少，先是下部叶片萎蔫下垂，如水淹持续，下部叶片会变黄，并很快变褐枯死，继而危及上部叶片。水淹若造成整个根系被毁时，根系变黑，整株萎蔫而后死亡；若有少数烟根被毁，则只发生暂时性萎蔫。若受涝害同时遇高温和强光照射，则会加速烟株死亡；若积水时间较短，仅少数下部叶受害，只产生暂时性萎蔫。温度较低时，水淹造成的危害较轻。

成熟期烟田涝害

烟田发生严重涝害后烟株枯死（王永齐提供）

【发生原因】地势低洼易积水、排水不良的烟田，暴雨过后往往会产生涝害；涝害多出现在降水频繁的季节。

【防治方法】移栽前平整土地，高起垄，烟田四周深挖排水沟，雨后及时排水。

07 烟草白化病

烟草白化病是一种遗传性病害，一般发生在苗床期至大田前期，发病后叶片白化，烟株顶端生长受阻，烟株矮小，病株基本丧失使用价值。此病在我国发病率很低，只在个别烟区零星发生，此病不传染，整体危害性较小。

【症状】烟草白化病大多发生在叶片的局部，半边、边缘或尖端部分白化，有时整片叶片白化，偶见整株白化，局部白化叶片白、绿分明，白化叶片纯白色至黄白色，白化部位不坏死、不枯萎，叶片大小及厚度无明显变化，但发病烟株顶端生长受阻，烟株矮小。

烟草白化病整株症状

【发生原因】白化是烟株叶绿体结构变化和叶绿素合成受到阻碍的生理性病变，属于基因突变的遗传病。

【防治方法】烟草白化病属非侵染性遗传病，田间偶尔发生且不相互传染，不需也无法防治，发病后尽早拔除病株，病株切忌留种。

08 烟草氮素营养失调症

【症状】在大田条件下，氮素是一种最常见的易缺乏的营养元素，从幼苗至成熟期的任何生长阶段都可能出现氮素的缺乏症状。烟草缺氮时由于蛋白质形成少、细胞分裂少，烟叶生长缓慢，与正常烟株相比，明显叶面积小、烟叶薄，同时会引起叶绿素含量降低，叶片失绿变淡变黄。烟株早期缺氮，下部老叶颜色变淡，呈黄色或黄绿色，并逐步向中上部叶扩展，后期烟株出现早花、早衰现象。严重缺氮时，烟株生长缓慢，植株矮小、节间距短、叶片小且薄，下部叶呈淡棕色、似火烧状，并逐渐干枯脱落。缺氮烟叶烤后叶薄色淡、油分较差，产量下降，烟叶内在化学成分不协调，品质不佳。

氮素营养过剩时，植株生长迅速，叶片肥大而粗糙，含水量高，组织疏松，叶片深绿，烟叶工艺成熟期推迟，不能适时成熟落黄，叶片烘烤时易发生“黑暴”使烟叶品质下降。当烤烟铵态氮过量时易引起烟叶中毒症状，具体表现为早期基部老叶叶缘出现不规则黄斑，叶脉间出现紫褐色水渍溃疡状斑块，后期底部和中部叶片除叶脉保持绿色外，其余组织失绿黄化，进而枯焦破损，叶片向背面翻卷。

烟草缺氮植株与正常植株对比

烟草大田前期（左）和中期（右）缺氮症状

【发生原因】烟草对氮素需求量大，而土壤条件不能满足其需要，如不施用氮肥或施氮较少，则可能出现缺氮症状，以下条件更易发生氮素失调症。(1) 轻质沙土和有机质贫乏的土壤。(2) 土壤理化性质不良，排水不畅，土温低，有机质分解缓慢的土壤。(3) 施用大量新鲜有机肥，如绿肥及秸秆过量还田容易引起微生物大量繁殖，夺取土壤有效氮而引起暂时性缺氮。(4) 田间杂草较多，易引起缺氮症。

氮素过剩一般因为施用氮肥过量或对前作施用肥料氮残留量过高造成。

【防治方法】(1) 选用适宜氮肥形态，合理搭配，硝态氮肥是烤烟理想的氮肥形态，烟株吸收快、发棵早、前期生长好。但由于硝态氮不易被土壤胶体所吸附，故在雨量大的年份常有脱肥现象，所以除施用硝态氮肥外，还要配施一部分铵态氮等形态的氮肥，以便更好发挥肥效。因此，缺氮时，可每667 m^2施用硝酸铵或硝酸钾10 ～ 15 kg，将肥料化水后打孔浇施到烟株附近土壤中，必要时也可以按照0.2% ～ 0.5%的比例兑水喷施叶面。(2) 依据土壤供氮情况增施化学氮肥，在南方雨量偏多地区氮肥容易流失，用量要相应提高，并适当增加铵态氮比例。(3) 增施氮肥同时，要配施适宜的磷、钾肥以均衡供应烟株养分。(4) 培肥地力，提高土壤供氮能力，对新垦、熟化程度低及有机质缺乏的土壤，要加大有机肥的投入。

09 烟草磷素营养失调症

【症状】缺磷主要表现为烟株生长缓慢，株型矮小瘦弱，根系发育不良，根系量少，尤其是须根少，叶片较小、较狭长而直立，茎叶夹角变小。轻度缺磷时烟叶呈暗绿色，缺乏光泽；严重缺磷时下部叶片出现一些白色小斑点，后变为红褐色，连片后叶片枯焦，此症状与气候性斑点病的症状有些类似，应注意从叶片组织分析和土壤化验分析方面予以鉴别。缺磷症状首先出现在老叶片上，逐渐向上部新叶发展。调制后的缺磷烟叶呈深棕色，油分少，无光泽，柔韧性差，易于破损。

烟草缺磷植株与正常植株对比

烟草缺磷植株下部叶片出现斑点

由于磷肥的利用率低，生产上过量的情况很少见。磷素过多时，烟株呼吸作用增强，消耗大量糖分及能量，因而烟株矮小、节间距过短、叶片肥厚密集、叶脉突出、组织粗糙；烘烤后烟叶缺乏弹性及油分、易破碎、质量较差。此外，磷吸收过多会减少烟株对锌、铁、锰等微量元素的吸收，诱发这些元素的营养失调。

【发生原因】除紫色土外，我国主要烟区的土壤都属于缺磷或低磷类型，土壤有效磷供应不足。缺磷是烟叶生产的主要限制因子之一，南方烟区黄壤、红壤等土壤本身含磷量较低，而且土壤pH较低，铁铝氧化物对磷的固定吸持能力较强，易形成无定型磷酸铁、铝盐，然后转化成晶质的磷铁矿、磷铝石等；北方烟区的褐土、棕壤等土壤，由于石灰含量高、pH相对较高，易于发生磷的固持，磷酸根离子可与碳酸钙等作用，生成二水磷酸二钙、无水磷酸二钙、磷酸八钙和羟基磷灰石等难溶性磷酸钙盐，降低了磷素的有效性。

【防治方法】(1) 土壤有效磷含量越低，施用磷肥的肥效越明显，中性土及石灰性土壤（有效磷含量<5 mg / kg）和酸性土壤（有效磷含量<7 mg / kg）的烟田，应优先补充磷肥。(2) 磷肥作基肥投入烟田，在施肥时应根据土壤有效磷情况，选择条施或穴施，氮磷比为1 ： 1或1 ： 1.5。(3) 缺磷时作根外追肥施用，要尽量增加与作物根系的接触面积，减少土壤对磷的固定作用。(4) 磷肥要与有机肥料混合或与有机物料堆沤后施用，可以减少磷肥与土壤的直接接触面积，以提高其利用率。(5) 发现缺磷时，可叶面喷施1%～2%过磷酸钙溶液，或叶面喷施1%～2%的磷酸二氢钾水溶液2～3次。

10 烟草钾素营养失调症

【症状】烟株缺钾首先是下部叶的叶尖、叶缘处出现浅绿色或者杂色斑点，斑点中心部分随即死亡，呈“V”形扩展；病斑继续扩大，许多坏死斑连接成枯死组织，即“焦尖”“焦边”，随后穿孔，叶片残破。严重时，整个下部叶片呈火烧状，逐渐受害而枯落。

烟草缺钾植株与正常植株对比

叶尖和叶缘组织停止生长，而内部组织继续生长，致使叶尖和外缘卷曲，叶片下垂。缺钾的症状往往先从下部叶片表现出来，然后向腰叶、上部叶发展，但顶芽和幼叶可以维持正常生长。除此之外，缺钾的烟叶调制后组织粗糙，叶面发皱，而且燃烧性差。一般认为，钾素过量对烟叶产量和品质不会产生明显的不良影响，但会增加烟叶原生质的渗透性，使烤后的烟叶吸水量增大，易于霉变，不耐贮藏。

烟草大田期缺钾症状

【发生原因】土壤钾素水平取决于含钾原生矿物和黏土矿物的种类和数量，我国钾素供应的水平，自南向北有随纬度升高而升高的趋势。烟草当季所利用的钾主要是速效性钾，这一部分以交换性钾为主，也包括少量水溶性钾；烟草对钾的需要量常比氮、磷多，由于烟草叶片及植株不断从烟田中移除，造成土壤中的支出多于积累，常存在钾不平衡现象，若钾素长期得不到补充，则出现缺钾症状。我国南方烟区，除紫色土及由花岗岩、千枚岩轻度风化母质发育的土壤钾素养分较丰富外，一般土壤的供钾能力均较低。北方烟区由黄土母质发育的土壤及棕壤等，虽然含钾量较高，但土壤中碳酸钙、碳酸镁含量也较高，影响了烟株对钾的吸收。

【防治方法】(1) 烟草是喜钾作物，钾肥供应要充足，在土壤有效钾含量为80 ~ 100 mg / kg时，已可满足其他大田作物需求，但对烟草仍然需要补充适量钾肥，钾肥的施用中要忌用氯化钾，以防烟叶中氯含量过高而影响燃烧性。(2) 针对土壤特点选择合理的施钾方法，钾肥应当适当深施，既有利于烟草根系的吸收，也可以避免表土干湿交替所引起钾素的固定，在沙壤土中，应当加大追肥的比例，可以分次施用，以减少钾素的淋失。(3) 一般施氮肥过多，会加重缺钾症状，因此应控制氮肥施用量，同时配施一定量的磷肥，氮、磷、钾肥协调，才能更好发挥钾肥肥效。(4) 烟草缺钾症状出现时，可根据需要及时追施钾肥，每667 m^2施入硝酸钾或硫酸钾10 ~ 20 kg，中后期可叶面喷施1%～2%磷酸二氢钾或2%～3%硫酸钾溶液。

11 烟草镁素营养失调症

【症状】当烟叶镁含量在干物质中小于或等于0.2%时，烟株表现缺镁症状。缺镁症状通常在烟株较高大、生长速度较为迅速时才会出现，特别易发生在多雨季节沙质土壤的烟田，且在旺长期最为明显。缺镁时叶绿素的合成受阻，分解加速，光合作用强度降低。由于镁是叶绿素的组成成分之一，且在烟株体内易流动，所以缺镁时烟株的最下部叶片的尖端和边缘部分以及叶脉间失去正常的绿色，多呈淡绿色至近乎白色，随后向叶基部及中央扩展，但叶脉仍保持正常的绿色，叶片呈网状。即使在极端缺镁的情况下，下部叶片已几乎变为白色时，叶片也很少干枯或形成坏死的斑点。缺镁引起烟叶糖分、淀粉减少，有机酸增加，内在化学成分失衡。即使轻度缺镁，也会对烟叶产量和品质产生明显影响。缺镁的烟叶调制后颜色深且不规则，叶片薄，缺乏弹性。

烟草缺镁植株与正常植株对比

烟草大田期缺镁植株与叶片症状

【发生原因】土壤含镁量与土壤类型和降水量有关。南方紫色土虽处于多雨亚热带地区，但氧化镁含量较高；华南的花岗岩或片麻岩发育的红壤以及华中地区第四纪红黏土，含镁量都很低。质地偏轻的沙页岩、河流冲积母质发育的土壤和有机质贫乏且pH<5.5的土壤易于缺镁，此外长期不用或少用含镁肥料或过量施用磷、钾肥及含钙肥料都可能诱发缺镁。

【防治方法】(1) 烟草是需镁较多的作物，交换性镁含量少的土壤要及时补充镁肥，一般以补充硫酸镁为宜。(2) 改善土壤环境，增施有机肥，对酸性较强的土壤，增施白云石粉提高土壤供镁能力。(3) 采用土壤诊断施肥技术，平衡施肥；选择适当的镁肥种类，酸性土壤宜选用碳酸镁或氧化镁，中性与碱性的土壤宜选用硫酸镁。(4) 缺镁时，可用0.5%～1%的硫酸镁溶液进行2～3次叶面喷施，或每667 m^2穴施硫酸镁10～15 kg。(5) 施用铵态氮肥时，可能诱发缺镁，因此在缺镁的土壤上应控制铵态氮肥的施用量，配合施用硝态氮肥。

12 烟草铁素营养失调症

【症状】

缺铁症状：出现网纹状叶片，即叶片明显失绿变黄，但叶脉保持绿色，严重缺铁时烟株上部的幼叶整片黄化。一般从顶部的嫩叶开始出现症状，而下部的老叶则仍保持正常状态。一般依据网纹状叶片判定缺铁症状出现，同时，依据烟株下部叶一般无症状的特点，与缺锰症状进行区别。田间诊断缺铁症状时，用0.5%硫酸亚铁溶液喷施或涂叶1～3次，观察新叶是否再有此症状，老叶症状是否发展。

烟草缺铁植株与正常植株对比

烟草缺铁叶片症状

铁过量症状：铁过量易引起中毒症状，在中下部叶片的叶尖部位形成灰色斑点（烤烟）或紫色胶膜及深褐色斑点（雪茄包皮烟），上部烟叶失绿较轻，但棕褐色斑块明显。

【发生原因】(1) 土壤pH过高，使铁水解沉淀或使低价铁转化为高价铁，从而降低了铁的有效性，这种情况多发生在石灰性土壤上。(2) 重碳酸盐过量，一方面会提高土壤pH，另外还会妨碍铁在植物体内的运输，并且会导致植物生理失调，使铁在植物体内失活，这种情况多发生在石灰性土壤和盐碱土上。(3) 有机质过低或沙质土壤，有效铁含量低，作物吸收量不足。(4) 土壤中磷、锰或锌含量过高可能引起缺铁，此外不合理施肥，尤其是磷肥施用过多也容易引起缺铁。

【防治方法】对于缺铁的烟株，要补充施用铁肥予以矫正。(1) 铁肥有两大类，一类是无机铁肥，另一类是有机铁肥。无机铁肥常用的品种是硫酸亚铁，此肥溶于水，但极易氧化，由绿色变成铁锈色而失效，所以应密闭贮存；有机铁肥常用的品种是有机络合态铁，采用叶面喷施是很好的防治缺铁失绿的方法。(2) 硫酸亚铁或有机络合态铁均可配成0.5%～1%的溶液进行叶面喷施，由于铁在烟株内移动性较差，叶面喷施时喷到的部位叶色较绿，而未喷到的部位仍为黄色，所以喷施时要保证喷施均匀且每隔5～7 d喷一次，连续喷2～3次，叶片老化后喷施效果较差。(3) 缺铁严重的地区，必须结合土壤状况施用铁肥，常用的铁肥有硫酸亚铁、磷酸亚铁铵、硫酸铁以及人工合成络合铁如柠檬酸铁、EDTA-Fe和EDDHA-Fe等，为提高土壤施用铁肥效果，可将铁肥与有机肥混合后穴施或条施。

13 烟草硼素营养失调症

【症状】

缺硼症状：缺硼烟株矮小、瘦弱，生长迟缓或停止，生长点坏死，停止向上生长，顶部的幼叶呈淡绿色、基部呈灰白色，继而幼叶基部组织发生溃烂，幼叶卷曲畸形，叶片肥厚、粗糙，失去柔软性，上部叶片从尖端向基部作半圆式卷曲状，并且变得硬脆，其主脉或支脉易折断，维管束变深褐色，同时主根及侧根的伸长受抑制，甚至停止生长，根系数量明显减少，根系呈短粗丛枝状，颜色呈黄棕色，最后甚至枯萎。

硼过量症状：硼素过多会引起烟株中毒，表现为叶缘出现黄褐色斑点，然后叶脉间出现失绿斑块，进一步发展叶片枯死凋落，硼与根系发育关系密切，硼过量也影响根尖分生组织分化与伸长。

烟草缺硼植株与正常植株对比

烟草缺硼植株生长点坏死

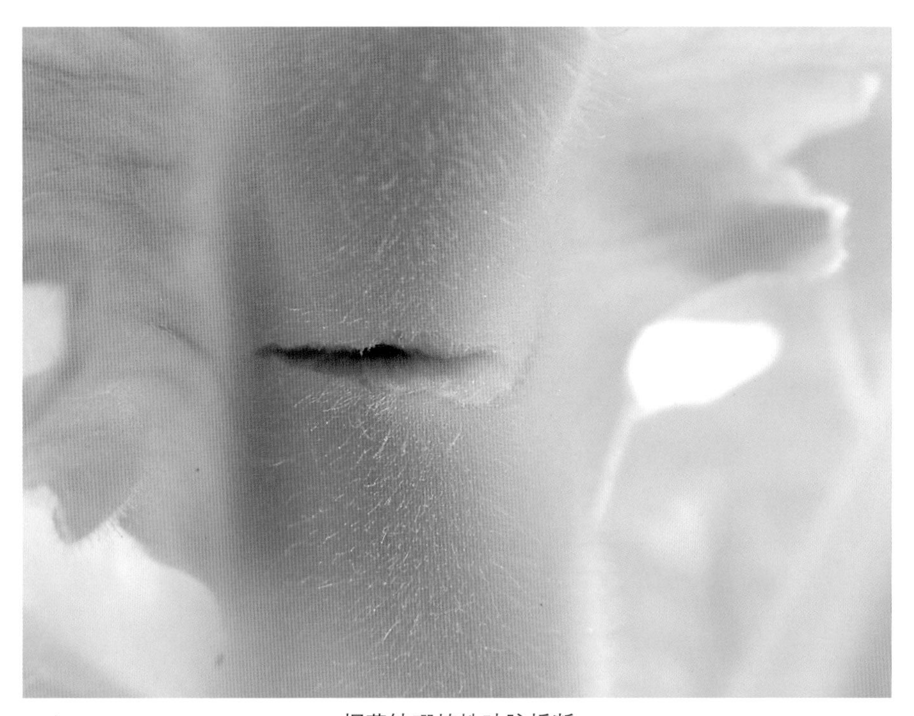

烟草缺硼植株叶脉折断

烟草缺硼植株嫩叶畸形

烟草缺硼植株维管束变褐色

【发生原因】我国南方烟区土壤中硼含量相对较低，福建南部、江西南部、湖南南部及贵州北部烟区多是缺硼土壤区（水溶性硼<0.25 mg/kg），云南大部及四川西南地区大多是低硼土壤区，质地轻的沙土和淋溶性强的酸性土壤硼易淋失，紫色土和冲积性土含硼量也低。北方土壤因pH较高，呈石灰性反应，硼易被固定而引起缺硼。

【防治方法】（1）对缺硼土壤种植烟草时要施硼肥矫正，生产中以施硼砂为主，用作基肥时每667 m^2用量为0.5 ～ 1 kg，肥效可维持3 ～ 5年。（2）喷施浓度为0.1% ～ 0.2%硼砂溶液，每隔7 ～ 10 d喷一次，连续喷施2 ～ 3次，每667 m^2用量为100 ～ 200 g，硼砂溶解慢，应先用热水溶解后再兑足量的水施用。（3）土壤干燥是促使缺硼的因素，故遇到天气长期干旱情况时应及时灌溉烟田。（4）由于烟草含硼适宜范围小，适量与过剩的界限很接近，且极易过量，所以用量宜严格控制。

14 烟草锰素营养失调症

【症状】

缺锰症状：一般表现为新生叶叶片褪绿，脉间变成淡绿色至黄白色，而叶脉与叶脉附近仍保持绿色，脉纹较清晰，叶片易变软下垂。严重缺锰时，叶脉间出现黄褐色小斑点，进而斑点增多扩大，遍及整个叶片，且大多由上向下发展最后出现在中下部叶片上，缺锰所致的叶斑与烟草气候性斑点病的叶斑类似，应注意进行区分。此外缺锰烟株矮化，茎细长，叶片狭窄，叶尖叶缘枯焦卷曲。

锰过量症状：当锰过量时，可能出现锰中毒。烘烤后的烟叶形成细小的黑色或黑褐色煤灰状小斑点，沿叶脉处排布，使叶片外观呈灰色至黑褐色，烟叶品质严重降低；中毒症状大多发生在中、下部叶片。

烟草缺锰植株与正常植株对比

烟草缺锰叶片症状

【发生原因】我国优质烟区主要位于富锰的酸性土壤区，但土壤pH<5.4时可能出现锰过量而中毒的现象。黄淮烟区、关中烟区及沂蒙山烟区等北方烟区的石灰性土壤属于活性锰较低的土壤，均有缺锰可能（活性锰<100 mg/kg）。一般缺锰现象在质地较轻、pH较高、通透性良好的石灰性土壤中发生最为严重。

【防治方法】烟草是需锰量较多又较敏感的作物，常用的锰肥有硫酸锰、氯化锰和硝酸锰等，当土壤中有效锰供应水平低时，需要补充锰肥。（1）作为大田基施，每667 m^2用1 ～ 2 kg硫酸锰与干细土或有机肥或酸性肥混合后施用，可以减少土壤对锰的固定，能提高锰肥肥效。（2）根外追肥，叶面喷施硫酸锰或螯合态锰肥是矫正烟草缺锰常用的方法，也能提高锰肥的施用效果，通常配成浓度为0.1% ～ 0.2%的水溶液，每7 ～ 10 d喷1次，连续喷施2 ～ 3次，每667 m^2用量为30 ～ 50 kg水溶液，但必须严格控制用量，以免锰中毒抑制生长。（3）在南方稻烟轮作地块，排水晾干后的稻田土壤处于好气条件下，锰呈四价，其有效性下降，要及时诊断，便于补施锰肥。

15 烟草锌素营养失调症

【症状】烟草缺锌症状常发生在生长初期，表现为植株矮小，节间距缩短，顶叶丛生，叶面皱褶，叶面扩展受阻，叶片变小畸形，叶脉间褪绿呈现失绿条纹或花白叶并有黄斑出现。严重缺锌的烟株，顶叶簇生，叶片小而叶面皱褶扭曲，下部叶片脉间出现大而不规则的枯褐斑，枯斑的形成一般是下部叶片从叶尖开始呈水渍状，而后逐渐扩大，同时组织坏死。有时沿叶缘出现“晕轮”。缺锌有时易与缺钾症混淆，但缺钾症常局限于叶尖及叶缘部分，一般不腐烂。

烟草缺锌植株与正常植株对比

烟草旺长期缺锌症状（引自庞良玉等，2015）

【发生原因】我国缺锌烟区主要分布在北方石灰性土壤中，黄淮烟区的褐土、潮土、棕壤及黄土母质发育的土壤等普遍缺锌。南方石灰土发育的土壤也缺锌，呈岛状零星分布，四川的碳酸盐紫色土亦属于缺锌土壤。

【防治方法】(1) 石灰性土壤有效锌<0.5 μg/g，酸性土壤有效锌<1 μg/g，都要补施锌肥予以矫正。(2) 锌肥品种很多，硫酸锌最为常用，可随基肥施入，每667 m^2随基肥施入量为1 ～ 2 kg。(3) 大田生长期发现缺锌症状，可采用叶面喷施方法补给，可喷施浓度为0.1% ～ 0.2%的醋酸锌或硫酸锌水溶液，连续喷2 ～ 3次，每隔7 d喷一次。(4) 根据土壤中磷素供应的情况适量施用磷肥，不能盲目多施，以防磷和锌间的拮抗作用诱发的缺锌。

16 烟草钼素营养失调症

【症状】缺钼的烟株较正常烟株瘦弱，茎秆细长，叶片伸展不开，缺钼症状往往先出现在中、下部叶片上，叶片呈黄绿色，变小且厚，呈狭长形，叶面有坏死的斑点，叶间距比正常烟株的叶片间距长。严重缺钼时叶片边缘向上卷曲，呈杯状。

烟草缺钼植株与正常植株对比

【发生原因】我国南方土壤虽然全钼含量较高，但由于土壤pH低，造成有效钼供应不足；北方石灰性土壤钼的有效性高，但黄土及黄河冲积物发育的土壤含钼较低，因此总的有效钼也不足。总之，在酸性土壤上植株易出现缺钼症状，我国主产烟区的土壤大都缺钼或低钼，应适当补充钼肥。

【防治方法】(1) 土壤有效钼含量在0.15 mg/kg或烟叶中钼含量<0.1 mg/kg，为缺钼的临界值，此时要补施钼肥加以矫正。(2) 钼酸铵和钼酸钠是常用的钼肥，效果相似，作基肥时每667 m^2用量为50 ~ 100 g，将之拌细土10 kg，拌匀后施用。(3) 也可采用叶面喷施，通常将钼酸铵或钼酸钠用少量热水（50℃）溶解，然后配制成0.02% ~ 0.05%溶液，喷2 ~ 3次，每7 ~ 10 d喷一次。

17 烟草钙素营养失调症

【症状】钙在植物体内最难移动，是不能再利用的营养元素。因此缺钙首先在新叶、顶芽及新根上出现症状。上部嫩叶卷曲、畸形向下弯曲，叶尖端及边缘开始枯腐、死亡，停止生长，在叶片没有完全枯死之前呈扇形或花瓣形，同时卷曲变短窄，较老的叶片虽可保持正常形态，但叶片变厚，有时也会出现一些枯死斑点。在钙严重缺乏时顶芽和叶缘开始折断枯死，在顶芽和叶缘枯死后，叶腋间长出的侧枝及顶芽也同样会出现缺钙症状。缺钙与缺硼某些症状相似，容易混淆，但是缺硼叶片及叶柄变厚、变粗而脆，内部常生褐色物质，维管束变深褐色，而缺钙无此症状。

烟草缺钙植株与正常植株对比

烟草缺钙叶片坏死与畸形

【发生原因】缺钙症状在田间不易见到，大多数土壤不缺钙。我国南方有较大面积的红壤和黄壤，在土壤pH过低的情况下，易淋失缺钙。土壤中过量施用氮、磷、钾肥，易发生拮抗作用，影响钙的有效性，从而导致缺钙。

【防治方法】(1) 在酸性土壤中施用石灰或白云石粉，强酸性土壤（pH为4.5 ~ 5.0）中，每667 m^2施石灰50 ~ 150 kg，一般酸性土壤（pH为6.0）中，每667 m^2施石灰或白云石粉25 ~ 50 kg。(2) 碱性土壤施石膏，一般每667 m^2施石膏25 ~ 30 kg。(3) 叶面喷施1% ~ 2%过磷酸钙或硝酸钙，每隔7 ~ 10 d喷1次，连续喷施2 ~ 3次。

18 烟草硫素营养失调症

【症状】缺硫症状首先在嫩叶片及生长点上表现出来，即嫩芽及上部新叶失绿发黄，叶脉也明显失绿，叶面呈均匀的淡绿至黄色，一般呈上淡下绿。随后黄化症状逐渐向老叶发展，直至发展到全株，叶尖下卷，叶面有时有突起的泡斑。烟株后期缺硫，除上中部叶片失绿黄化外，下部叶片早衰，烟株生长停滞，同时缺硫抑制烟株生殖生长，现蕾迟，有些甚至不能现蕾。硫含量过高使烟叶色泽黯淡，烟叶燃烧性变差，品质下降。

烟草缺硫植株与正常植株对比

烟草缺硫叶片黄化

【发生原因】硫素在烟草营养中的作用与氮、磷、钾同样重要。在烟草生产上，由于所施用的肥料一般含硫且烟草选择性吸收硫，缺硫对烟草生长及烟叶品质的影响在目前生产中尚不多见。相反，伴随着人们对钾肥重要性认识的提高及其他钾肥资源的限制，硫酸钾施用量越来越高，这容易给土壤带入过量硫，加之过磷酸钙和有机肥中也含有一定量的硫，且干湿沉降也会带入部分硫，使得土壤及烟叶中硫含量不断提高。

【防治方法】(1) 烟叶缺硫时可施硫酸钾、硫酸锌等硫酸盐或过磷酸钙、石膏等，施用上述含硫肥后，一般不需再补施硫素营养。(2) 温暖湿润地区土壤有机质少时，增施硫肥，一般可用石膏和硫黄，硫黄必须作基肥用，下一年可以不再施硫。(3) 烟叶中硫含量过量，主要是由于目前烟田大量施用硫酸钾造成的，应根据土壤及烟叶中的硫含量，采用减少硫酸钾用量或用硝酸钾替代硫酸钾的方式，减少烟叶硫过量现象的发生。

19 烟草铜素营养失调症

【症状】由于铜主要存在于烟株生长的活跃部位，铜的存在对幼叶和生长顶端影响较大。缺铜时烟株矮小，生长迟缓，顶部新叶失绿，沿主脉及叶肉组织出现水泡状黄白斑点，呈透明状，无明显坏死斑，连片后呈白色，最后干枯呈烧焦状，易破碎，上部叶片常形成永久性凋萎。

烟草缺铜植株与正常植株对比

烟草缺铜叶片症状（引自庞良玉等，2015）

【发生原因】我国土壤中一般含铜3 ～ 300 mg/kg，平均含量为22 mg/kg。土壤中铜达到150 ～ 200 mg/kg为正常，高于200 mg/kg就可能出现毒害；烟叶含铜量小于4 mg/kg时就可能出现缺铜症状，我国烟田缺铜现象较少。土壤的铜含量常与其母质来源和抗风化能力有关。一般情况下，基性岩发育的土壤含铜量多于酸性岩发育的土壤，沉积岩中以砂岩含铜最低，如南方发育于花岗岩的赤红壤、红壤及沼泽泥炭土、山区冷浸田和北方烟区的塿土和黄绵土等易出现缺铜。此外，有效铜含量还与土壤pH及有机质等有关，用螯合剂DTPA浸提铜，0.2 mg/kg为缺铜土壤的临界值。

【防治方法】（1）只有在确实缺铜的土壤中才可施用铜肥，可在冬耕时施用适量含铜元素的肥料。（2）常用的铜肥为硫酸铜，作基肥每667 m^2用量为1 ～ 1.5 kg，一次施用可持续2 ～ 3年。（3）叶面喷施可配制1 ∶ 1 ∶ 200的波尔多液，兼具杀菌作用。

20 烟草常见药害及其预防

在烟叶生产过程中，因农药使用不当而引起的烟草生长发育不正常，如叶片出现斑点、黄化、凋萎、矮化、生长停滞、畸形，以及烟株死亡等，通称为药害。

【症状】烟草药害根据症状分为急性药害和慢性药害。

（1）急性药害：急性药害一般发生很快，症状明显，在施药后2 ～ 5 d就会表现。急性药害症状主要有以下几种：

灼伤、斑点：斑点型药害主要发生在叶片上，由于药害引起的斑点或灼伤与气候性斑点病及侵染性病害的斑点不同。药害造成斑点在植株上分布不规律，而且药害斑点的大小、形状差异很大；而气候性斑点病和侵染性病害的斑点在植株上出现的部位比较一致，病斑具有发病中心，病斑的大小、形状基本一致。

黄化：黄化型药害主要发生在叶片上，黄化型药害与营养元素缺乏引起的黄化不同。黄化型药害常由初期黄化逐渐变成枯叶，晴天高温，黄化症状产生快，阴雨高湿，黄化症状产生慢；而营养元素缺乏引起的黄化与土壤肥力相关，一般表现为全田烟叶黄化。

凋萎：凋萎型药害一般表现为整株枯萎，主要由除草剂引起。药害枯萎和病原性枯萎症状不同，药害枯萎没有发病中心，发生迟缓，植株先黄化后枯萎，并伴随落叶，输导组织无褐变；而病原性枯萎的发生多是由根茎输导组织堵塞，且遇阳光照射，加之蒸发量大，从而先萎蔫后死亡，根茎输导组织有褐变。

（2）慢性药害：一般施药后一周内不表现症状，而是通过影响烟草的光合作用、物质运输等生理生化反应，造成植株生长发育迟缓、矮化，叶片变小、扭曲、畸形，以及品质变差、烟叶色泽不均匀。主要有以下几种症状：

生长停滞、矮化：药害引起的生长停滞常常伴随有药斑和其他药害症状，主要表现为根系生长差，发生不严重时，经过一段时间症状会减轻；缺素症的生长停滞表现为叶色发黄或暗绿，需要补充元素症状才能缓解。

畸形：主要有卷叶、丛生。药害畸形与病毒病害畸形不同，药害畸形在植株上表现局部症状，而病毒病畸形表现为系统症状，并伴随有花叶症状。

产量降低、品质变差：植株发生药害后，一般烟叶色泽不均匀，同一叶片厚度差异大，导致有效产量降低，同时杂色烟叶比例较高，品质变差。

烟草草甘膦药害症状

烟草二氯喹啉酸药害症状

烟草仲灵·异噁松药害症状

烟草菌核净药害症状

烟草辛硫磷药害症状

烟草乙草胺药害症状

【发生原因】引发烟草药害的因素很多，包括农药施用方法、农药质量、烟草品种、烟草不同生育阶段、气候条件等。概括起来有以下几种。

（1）不正确使用农药：①农药种类选用不当，错用乱用农药；②农药使用浓度不当，使用浓度越大，越容易产生药害；③农药稀释不均匀，喷撒到植株心叶、花等幼嫩部分，局部浓度过大，容易产生药害；④农药混用不当，两种以上的农药不合理的混合使用，不仅容易使药效降低，还容易产生沉淀等其他对植株产生药害的物质。

（2）农药存在质量问题：①商品农药本身加工质量不合格，如农药加工所用原料不合格、工艺粗糙，以及乳化性差，比如乳油分层，上下层浓度不一致，容易产生药害；②农药已过有效期，农药贮存条件不合适，贮存时间过长，都容易使农药变质，不仅效果差，甚至生成对植株有害的其他成分。

（3）烟草品种、烟草不同的生育阶段对农药的敏感性：不同的烟草品种、同一烟草品种的不同生育阶段等因素，导致烟草本身对农药的敏感性存在差异。一般说来，烟草幼苗期、开花期以及烟草幼嫩的组织部位对农药敏感，耐药性差，容易产生药害。

（4）气候条件：施用农药时的温度、湿度等不良环境条件与药害的发生密切相关。一般气温升高，农药的药效增强，药害容易发生。晴天中午强日照容易使某些农药对植株产生药害。

药害的产生除上述农药、烟草本身、人为因素、环境因素外，还包括残留药害和飘移药害。残留药害是由于长期连续的使用某一种残留性强的农药，造成土壤中农药逐年积累从而产生药害；漂移药害是使用农药时，农药粉粒或者雾滴随风飞扬飘散到周围其他敏感作物上，从而产生药害。

【预防对策】虽然烟草药害的发生原因复杂，但只要坚持正确购买农药、科学合理用药、认真操作，药害是可以避免的。

（1）正确购买农药：购买到质量合格的农药，不仅是确保药效的关键，也是避免发生药害的前提。与其他一些以收获果实为目的作物不同，烟草是以收获叶片为目的，必须保证烟叶中农药残留量不超过国家或国际上规定的农药残留限量，保证烟叶优质、安全。所以允许在烟草上使用的农药品种有严格的限制和标准。烟草行业发布的烟草农药合理使用意见中，详细规定了允许在烟草上使用的农药品种、暂停在烟草上使用的农药品种以及禁止在烟草上使用的农药品种。购买农药时，要严格按照合理使用意见执行。

（2）坚持科学、合理用药的原则：虽然造成烟草药害的原因很多，但最主要原因是农药使用方法、使用量、使用时间不科学，且烟草品种、生育阶段、天气条件也有一定的影响。为防止药害发生，必须坚持科学、合理的用药原则，要做到以下几点。

选择正确的农药：明确农药的防治对象，做到对症下药，既保证药效，又避免药害发生。防治同一种病虫草害时，尽量选择两三种农药，交替使用，既可避免作物产生抗药性，又能避免同一种农药残留积累而产生药害。

正确配制农药：商用农药标签都有详细的使用浓度、稀释方法，称取农药时要准确；稀释过程中，尤其是可湿性粉剂，先用少量水把药剂溶解，再补足水量稀释到正确浓度；稀释农药用的水要干净、水质要好，可选用纯净井水或江、湖、河水等流动水，不能用污水或死水。

科学合理地混用：应根据农药理化性质和防治对象，合理混用农药，避免混用后不同药剂发生化学反应而形成沉淀、降低药效、产生药害等。

连续用药要严格遵守安全间隔期，避免药剂残留连续积累，发生残留药害。

选择科学的施药时间：详细了解农药的理化性质和对作物的生物反应等特性，正确掌握施药时间。施药一般在晴天无风的8：00 ～ 11：00或15：00 ～ 19：00。要避开早、晚植株上露水以及中午高温强光的影响。早、晚露水容易降低药效，中午高温强光照射，植株蒸腾作用强，失水萎蔫，耐药力差，容易产生药害。施药也要避开大风天气，避免粉剂颗粒或液体雾滴随风飘散到周围植株，造成飘移药害。

使用正确的施药方法：要根据防治对象及发病特点确定施药方法。喷雾施用的农药要选择优质的喷雾器械，尽量选择喷头孔径小的喷雾器，雾滴细小，在作物上分布均匀，不仅药效好，也可避免局部药滴浓度过大而造成药害。

施药后器械清洗、保管及剩余药液处理：施药用的喷雾器、配制药剂的量筒、水桶等器械，用后要用清水冲洗干净，尤其是施用除草剂的喷雾器要及时用清水浸泡、清洗，避免再喷其他药剂造成药害，最好有专用的喷施除草剂的喷雾器。器械清洗干净后要妥善保存，放在儿童接触不到的地方。施药后剩余的药液尤其是除草剂药液，要妥善处理，切忌直接倒入烟田，同时也要避免与饮用水源、人畜用水源接触。

总之，虽然农药能有效防治各种烟草病虫害，保障烟叶生产，但若使用不当，容易发生药害。在烟叶生产中，要详细了解烟草生育特性、病虫害发生规律、农药特性，做到科学合理用药，才能提高施药质量，降低成本，避免药害发生，确保烟叶生产安全。

陈锦云，熊凯风，王阳青，1998. 烟草气候斑点病研究与综述[J]. 中国烟草学报，4（1）：54-59.

陈明胜，李桂芬，朱永芳，等，2007. 黄瓜花叶病毒M株系引致烟草症状恢复的初步研究[J]. 植物病理学报，37（2）：164-168.

陈瑞泰，朱贤朝，王智发，等，1997. 全国16个主产烟省（区）烟草侵染性病害调研报告[J]. 中国烟草科学，1（4）：1-7.

陈媛媛，谭海文，卢燕回，等，2016.广西烟草立枯病和靶斑病菌菌丝融合群初步分析[J].广东农业科学，43（10）：106-111.

成巨龙，马长德，1997. 烟草蚀纹病毒的鉴定和主要特性研究[J]. 中国烟草学报，2：20-26.

程子超，赵洪海，李建立，等，2012. 山东省寄生烟草的孢囊线虫种类鉴定及种内群体间rDNA-ITS-RFLP分析[J]. 植物病理学报，42（4）：387-395.

窦彦霞，李兰，彭雄，等，2012. 烟草根黑腐病菌致病力分化及品种抗性差异研究[J]. 植物病理学报，42（6）：645-648.

方树民，唐莉娜，陈顺辉，等，2011. 作物轮作对土壤中烟草青枯菌数量及发病的影响[J].中国生态农业学报，19（2）：377-382.

葛起新，徐同，2008. 中国拟盘多毛孢属研究简史[J]. 中国食用菌，27：118-120.

广西烟草侵染性病害调查研究协作组，1993. 广西烟草侵染性病害的种类、分布及发生为害情况[J]. 广西农业科学（6）：275-279.

吉林省烟草侵染性病害调查组，1992. 烟草病害图谱[M].长春：吉林科学技术出版社.

孔令晓，王连生，赵聚莹，等，2006. 烟草及向日葵上列当*Orobanche cumana*的发生及其生物防治[J]. 植物病理学报，36（5）：466-469.

卢训，丁铭，方琦，等，2012. 侵染云南烟草的番茄环纹斑点病毒N基因的遗传多样性分析[J]. 植物病理学报，42（2）：195-201.

卢燕回，谭海文，袁高庆，等，2012. 烟草灰霉病病原鉴定及其生物学特性[J]. 中国烟草学报，18（3）：61-66.

罗正友，刁朝强，桑维均，等，2007. 烟草灰斑病在贵州烟草漂浮育苗上的发生与鉴定[J]. 中国烟草科学，28（5）：12-14.

庞良玉，伍仁军，2015. 烟草营养失调症状图谱及矫正技术[M]. 成都：四川科学技术出版社.

钱玉梅，高正良，王正刚，1994. 烟草菌核病生物学特性的研究[J]. 中国烟草，1：25-28.

谈文，1995. 烟草病理学教程[M]. 北京：中国科学技术出版社.

谈文，吴元华，等，2003. 烟草病理学[M]. 北京：中国农业出版社.

谭海文，卢燕回，王雅，等，2012. 广西烤烟棒孢霉叶斑病病原分子鉴定及其生物学特性补充[J]. 植物保护，38（5）：35-39.

佟道儒，1997. 烟草育种学[M]. 北京：中国农业出版社.

王静，赵杰，钱玉梅，等，2013. 山东烟草白绢病病原鉴定及室内防治药剂筛选[J]. 中国烟草科学，34（4）：55-59.

王振国，丁伟，2012. 烟草野火病发生与防治的研究进展[J]. 中国烟草学报，18（2）：101-106.

魏景超，1979. 真菌鉴定手册[M]. 上海：上海科学技术出版社.

吴元华，王左斌，刘志恒，等，2006. 我国烟草新病害——靶斑病[J]. 中国烟草学报，12（6）：22-23

徐幼平，周雪平，2006. 侵染广西烟草的中国番茄黄化曲叶病毒及其伴随的卫星DNA分子的基因组特征[J]. 微生物学报，46（3）：358-362.

于莉，华致甫，李玉，1993. 烟草上的一种新病害——烟草茎点病[J]. 吉林农业大学学报，1:97-107.

袁美丽，高洁，张佳环，1993. 我国烟草上发生的二种新的细菌病害[J]. 吉林农业大学学报，1: 8-11, 99.

云南省烟草科学研究所，2008. 烟草微生物学[M]. 北京：科学出版社.

战徊旭，王静，王凤龙，等，2014. 四川省烟草白绢病病原菌的分离鉴定及其生物学特性[J]. 烟草科技，1：85-88.

张林，韩全军，袁彤彤，等，2011. 烟草蚀纹病毒山东分离物全基因组序列的克隆和保守性分析[J]. 植物保护学报，5：401-407.

张天宇，2010, 中国真菌志：第30卷　蠕形分生孢子真菌[M]. 北京：科学出版社.

张中义，李继新，关国经，等，2008. 烤烟棒孢霉叶斑病病原菌鉴定[J]. 中国烟草学报，14（6）：44-47.

中国科学院南京土壤研究所，中国烟草总公司，智利化学矿业公司，1993. 烤烟营养及失调症状图谱[M]. 南京：江苏科学技术出版社.

朱贤朝，王彦亭，王智发，2001. 中国烟草病害[M]. 北京：中国农业出版社.

BARRAS F, AND FVG, CHATTERJEE A K, 1994. Extracellular enzymes and pathogenesis of soft-rot *Erwinia* [J]. Annual Review of Phytopathology, 32 : 201-234.

CANTO T, PRIOR D A, HELLWALD K H, et al, 1997. Characterization of *Cucumber mosaic virus*. IV. movement protein and coat protein are both essential for cell-to-cell movement of *Cucumber mosaic virus* [J]. Virology, 237（2）: 237–248.

COHEN Y , EYAL H , GOLDSCHMIDT Z , et al, 1983. A preformed chemical inhibitor of tobacco powdery mildew on leaves of *Nicotiana glutinosa* [J]. Physiological Plant Pathology, 22（2）: 143-150.

DOUGHERTY W G, SEMLER B L, 1993. Expression of virus-encoded proteinases:functional and structural similarities with celluar enzymes [J]. Microbiological Reviews, 57（4）: 781-822.

ELLIOTT R M, 1990. Molecular biology of the Bunyaviridae [J]. Journal of General Virology, 71 : 501-522.

GAO R, TIAN Y P, WANG J, et al, 2011. Construction of an infectious cDNA clone and gene expression vector of *Tobacco vein banding mosaic virus*（genus *Potyvirus*）[J]. Virus Research, 169: 276-281.

INOMOTO M M, MARCELO C, OLIVEIRA G, 2008. Coffee-associated *Pratylenchus* spp. ecology and interaction with plants [M]// Souza R M. Plant-Parasitic Nematodes of Coffee. Dordrecht, Netherlands: Springer.

LAMONDIA J A, VOSSBRINCK C R, 2011. First report of target spot of tobacco caused by *Rhizoctonia solani*（AG-3）in Massachusetts [J]. Plant Disease, 2011, 95（4）: 496.

LIU Y, XIE Y, LIAO B L, et al, 2007. Occurrence and Distribution of Geminiviruses in Tobacco in Yunnan Province of China [J]. Acta Phytopathologica Sinica, 37（6）: 566-571.

LUCAS G B, 1975. Diseases of Tobacco [M]. Raleigh, North Carolina: Biological Consulting Associates.

MELTON T A, POWELL N T, 1991. Effects of two-year crop rotations and cultivar resistance on bacterial wilt in fluecured tobacco [J]. Plant Disease, 75: 695-698.

MO X H, QIN X Y, TAN Z X , et al, 2002. First report of tobacco bushy top disease in China [J]. Plant Disease, 86: 74.

MO X H, QIN X Y, WU J, et al, 2003. Complete nucleotide sequence and genome organization of a Chinese isolate of Tobacco bushy top virus [J]. Archives of Virology, 148: 389-397.

SHEW H D, LUCAS G B, 1991. Compendium of Tobacco Diseases [M]. Minnesota: APS Press.

TIAN Y P, LIU J L, YU X Q, et al, 2007. Molecular diversity of *Tobacco vein banding mosaic virus* [J]. Archives of Virology, 152: 1911-1915.

WANG J, WANG Y H, CHEN D X, et al, 2017. First report of tobacco bacterial leaf blight caused by *Pectobacterium carotovorum*. subsp. *brasiliense* in China[J]. Plant Disease, 101（5）: 830-830.

WANG J, WANG Y H, ZHAO T C, et al, 2017. Characterization of the pathogen causing a new bacterial vein rot disease in tobacco in China[J]. Crop Protection, 92: 93-98.

YAP M N, BARAK J D, CHARKOWSKI A O, 2004. Genomic diversity of *Erwinia carotovora* subsp. *carotovora* and its correlation with virulence [J]. Applied Environment Microbiology, 70（5）: 3013-3023.

YU X Q, LAN Y F, WANG H Y, et al, 2008. The complete genomic sequence of *Tobacco vein banding mosaic virus* and its similarities with other potyviruses [J]. Virus Genes, 35: 801-806.

YU X Q, WANG H Y, LAN Y F, et al, 2008. Complete genome sequence of a Chinese isolate of *Potato virus X* and analysis of genetic diversity [J]. Journal of Phytopathology, 156（6）: 346-351.

ZUNKE M, 1990. Observations of the invasion and endoparasitic behavior of the root lesion nematode *Pratylenchus penetrans* [J]. Journal of Nematology, 22（3）: 309-320.